Tasty Food
食在好吃

家常菜配餐
一本就够

杨桃美食编辑部 主编

U0284912

江苏凤凰科学技术出版社

图书在版编目（CIP）数据

家常菜配餐一本就够 / 杨桃美食编辑部主编 . — 南京 : 江苏凤凰科学技术出版社 , 2015.10（2019.4 重印）
（食在好吃系列）
ISBN 978-7-5537-4934-1

Ⅰ.①家… Ⅱ.①杨… Ⅲ.①家常菜肴 – 菜谱 Ⅳ.
① TS972.12

中国版本图书馆 CIP 数据核字 (2015) 第 148883 号

家常菜配餐一本就够

主　　　　编	杨桃美食编辑部
责 任 编 辑	张远文　　葛　昀
责 任 监 制	曹叶平　　方　晨

出 版 发 行	江苏凤凰科学技术出版社
出版社地址	南京市湖南路 1 号 A 楼，邮编：210009
出版社网址	http://www.pspress.cn
印　　　　刷	天津旭丰源印刷有限公司

开　　　本	718mm × 1000mm　1/16
印　　　张	10
插　　　页	4
版　　　次	2015年10月第1版
印　　　次	2019年4月第2次印刷

标 准 书 号	ISBN 978-7-5537-4934-1
定　　　价	29.80元

图书如有印装质量问题，可随时向我社出版科调换。

家常菜的魅力
就从一天一道开始

自己做菜不是掌握不好火候，就是味道不够，而且常常为了变换菜色而伤脑筋。

本书收录了300多道最常见的家常菜做法，食材从肉类、海鲜、蔬菜、蛋到豆腐，种类丰富，应有尽有。以四大主题为读者们剖析家常菜的做法，既有从小就经常吃的带有"妈妈味"的家常菜，也有专为时间紧张的上班族准备的电锅菜以及5分钟快速菜，针对素食主义者还有素食下饭菜，保证满足不同人群的各种需求，让你的餐桌天天变花样！让你不再为每天该吃些什么而烦恼，让每一顿饭都成为一种享受。书中所选菜肴制作简单，就算是不擅常做菜的新手也能一学就上手。

备注：

1大匙(固体) = 15克	1小匙(固体) = 5克	1茶匙(固体) = 5克
1大匙(液体) = 15毫升	1 小匙(液体) = 5毫升	1茶匙(液体) = 5毫升
1 杯 (液体) = 250毫升		

目录 | CONTENTS

PART 1
最有妈妈味的家常菜

PART 2
用电饭锅做家常菜

PART 3
10分钟快速家常菜

PART 4
下饭素食家常菜

PART 1

最有妈妈味的家常菜

不论是煎鱼、煎蛋，还是简单的炒菜或卤肉，这些经典的妈妈味料理，没有太多复杂的食材，也不需要太费工夫，却成了出门在外的游子最常想起的味道。

三杯鸡

📋 **材料**

土鸡1只(母鸡约1250克)，姜片10片，蒜1瓣，辣椒2个，葱段15克，罗勒适量

🍶 **调料**

胡麻油60毫升，酱油60毫升，糖4大匙，桂枝3~4根，辣椒粉少许，五香粉1/4茶匙，米酒1/4杯，茄汁1茶匙，胡椒粉1/4茶匙，醋1大匙

🍲 **做法**

❶ 将土鸡处理干净、切块；辣椒、葱洗净切段。

❷ 油锅爆香姜片、蒜、辣椒段、葱段后，取出铺在三杯锅底，然后将剁好的土鸡肉放入锅内，再加入所有调料。

❸ 不盖锅盖，用大火炒15分钟，收汁前，放入罗勒一起拌匀，再盖上锅盖。

❹ 将少许米酒往锅盖上淋，呛出味道，即可熄火；上桌前打开锅盖，倒入一点米酒，搅拌均匀即可。

关键提示

所谓的"三杯"，是指酱油、麻油和米酒。酱油要选择纯粮食酿造的；麻油则要用由黑芝麻提炼、呈深褐色的胡麻油；米酒则是纯米酒，千万不要使用加了盐的料酒，否则会影响风味。

白斩鸡

📋 **材料**

土鸡1只(约1500克)，姜片3片，葱段10克

🍶 **调料**

米酒1大匙

🥢 **蘸酱**

鸡汤150毫升(制作过程中产生)，素蚝油50毫升，酱油少许，糖少许，香油少许，蒜末少许，辣椒末少许

🍲 **做法**

❶ 土鸡处理干净，沥干后放入沸水中汆烫，再捞出沥干，重复上述操作3~4次，备用。

❷ 将鸡放入装有冰块的盆中冰镇冷却，再放回原锅中，加入米酒、姜片及葱段，以中火煮15分钟后熄火，盖上盖焖30分钟。

❸ 取150毫升鸡汤，加入其余蘸酱材料调匀，即为白斩鸡蘸酱；鸡肉待凉后剁块盛盘，食用时搭配白斩鸡蘸酱即可。

香菇卤鸡肉

材料
鸡肉块(熟)600克，干香菇10朵，葱段20克

调料
酱油4大匙，冰糖1小匙，盐1/4小匙，米酒1大匙，水800毫升

做法
1. 干香菇洗净泡软，去梗备用。
2. 热锅，加入2大匙色拉油后，放入泡软的香菇、葱段爆香，再放入鸡肉块和除水外的调料炒香。
3. 锅中倒入水煮滚，再以小火卤约15分钟即可。

玫瑰油鸡

材料
土鸡腿1只，鸡骨架3个，姜30克，葱段2根，卤包1个

调料
酱油100毫升，糖80克，绍兴酒100毫升，盐5克，水500毫升

做法
1. 将土鸡腿及鸡骨架以沸水汆烫去除血水后，洗净；姜洗净切片、葱洗净切段，备用。
2. 取一锅，加入姜、葱、卤包及所有调料，以大火煮约20分钟，使卤包味道散出。
3. 然后放入土鸡腿、鸡骨架，转小火煮约5分钟后，熄火盖锅盖焖约15分钟即可。

芋头烧鸡

材料
芋头150克，带骨鸡胸肉250克，辣椒1个，蒜10克，葱丝少许

调料
盐1小匙，糖1小匙，酱油1小匙，鸡精1/2小匙，水600毫升

做法
1. 芋头去皮洗净切大块；带骨鸡胸肉洗净剁大块；辣椒洗净切片；蒜洗净切末，备用。
2. 热锅，倒入少许油，放入辣椒片、蒜末爆香，放入鸡胸肉块、芋头块炒香，加入所有调料煮沸。
3. 盖上锅盖以小火焖煮15分钟，再撒上葱丝即可。

卤鸡腿

材料
鸡腿6只，葱段10克，蒜5瓣

调料
酱油200毫升，冰糖20克，盐少许，米酒2大匙，水1000毫升

香料
八角2粒，月桂叶3片，白胡椒粒10克，草果1颗

做法
1 鸡腿洗净，放入沸水中略汆烫，再捞出泡冰水；蒜切片，备用。
2 热锅，加入2大匙色拉油，放入葱段、蒜片爆香，再加所有调料，并放入香料煮滚。
3 锅中放入鸡腿，以中火卤至入味即可(亦可放凉后取出，表面刷上香油)。

椒麻鸡

材料
A: 去骨鸡腿排1块
B: 香菜碎1茶匙，蒜末1/2茶匙，红辣椒末1/2茶匙，白醋2茶匙，陈醋2茶匙，糖1大匙，酱油1大匙，凉开水1大匙，香油1/2茶匙

调料
淀粉1/2碗

腌料
姜(切碎)20克，葱段(切碎)1/2根，盐1/4茶匙，五香粉1/8茶匙，鸡蛋液1大匙

做法
1 鸡腿排洗净,加入所有腌料拌匀，静置约30分钟，再取出均匀沾裹上淀粉,备用。
2 热油锅，放入鸡腿排以小火炸约4分钟，再转大火炸约1分钟，捞起沥干油，切块置盘。
3 将所有材料B混合均匀，淋在炸鸡排上即可(亦可另撒上适量香菜叶装饰)。

盐水鸡

📋 **材料**

鸡腿1只，姜(切片)5克，葱(切段)2根，冰块适量，蒜(切片)3瓣

🧂 **调料**

鸡精1大匙，盐3大匙，冷开水500毫升

🍳 **做法**

① 鸡腿洗净，放入沸水中快速汆烫过水，备用。

② 取锅，放入汆烫好的鸡腿，加水盖过鸡腿，再加入姜片、葱段、蒜片，以中火将鸡腿煮熟。

③ 另取一锅，倒入冷开水，放入盐与鸡精调匀，加入冰块冷却，再放入煮熟的鸡腿，浸泡约12小时以上至入味，食用前切块盛盘即可(如要美观，可另加入生菜叶装饰)。

口水鸡

📋 **材料**

A：大鸡腿1只，熟白芝麻1茶匙，蒜味花生仁1茶匙，香菜叶少许

B：姜末1/2茶匙，蒜末1/2茶匙，葱花1/2茶匙

🧂 **调料**

凉开水3大匙，辣豆瓣酱1茶匙，蚝油1茶匙，芝麻酱1/2茶匙，花生酱1/2茶匙，白醋1茶匙，糖1/2茶匙，辣油适量，花椒粉适量

🍳 **做法**

① 大鸡腿洗净，放入沸水中以小火煮约20分钟，再捞出放凉，备用。

② 蒜味花生仁碾碎，备用。

③ 所有调料拌匀，再加入所有材料B拌匀，即为口水鸡酱，备用。

④ 将鸡腿剁块盛盘，淋上口水鸡酱，再撒上蒜味花生碎、熟白芝麻、香菜叶即可。

关键提示 口水鸡做法与白斩鸡很类似，只是调味酱配方不尽相同，一次煮熟两份鸡肉，分别淋上不同酱料，两道菜立刻能上桌，省时还能节省煤气。

砂锅香菇鸡

材料
鸡腿2只，干香菇6朵，葱段1根，姜15克，蒜3瓣

调料
酱油1大匙，酱油1大匙，鸡精1小匙，水适量，米酒1大匙

做法
1. 鸡腿洗净切成小块，放入沸水中汆烫去血水后捞起，备用；干香菇放入冷水中浸泡约30分钟至软，洗净备用；葱洗净切段；姜和蒜切片备用。
2. 砂锅放入汆烫好的鸡腿肉块、香菇、姜片、蒜片，以及所有调料，混合均匀后煮开。
3. 将材料煮约15分钟至入味，最后加入葱段搅拌均匀即可。

油豆腐烧鸡

材料
鸡腿300克，油豆腐200克，干香菇6朵，蒜末1/2小匙，葱花1/2小匙，鸡高汤300毫升

调料
沙茶酱1/2大匙，酱油1/2小匙，糖1/4小匙，酒1大匙

做法
1. 鸡腿切块，放入沸水中汆烫去血水，捞起冲水洗净备用。
2. 油豆腐放入沸水中汆烫一下，捞起备用；干香菇泡水后洗净捞起沥干。
3. 取锅炒香蒜末，放入炖锅中，再加入鸡腿块、鸡高汤、所有调料、油豆腐和香菇，以小火炖煮约10分钟，撒上葱花即可。

姜汁烧鸡

材料
鸡腿肉200克，泡发香菇4朵，葱段30克，姜汁50毫升，姜丝20克

调料
酱油80毫升，料酒50毫升，水100毫升，水淀粉1大匙，香油1茶匙

做法
1. 鸡腿、泡发香菇均洗净沥干切小块，放入沸水中汆烫约2分钟后捞起沥干。
2. 热锅，倒入2大匙色拉油(材料外)，以小火爆香姜丝、葱段，再加入鸡腿块及香菇块炒匀。
3. 锅中加入姜汁及酱油、料酒、水，小火煮约15分钟，再加入水淀粉勾薄芡，并洒上香油即可。

人参鸡

材料

土鸡1/2只，参须15克，红枣5颗，姜片20克

调料

米酒1茶匙，盐1/2茶匙，水600毫升

做法

① 土鸡剁块，放入沸水中汆烫约2分钟，再捞出洗净沥干，备用；参须洗净，泡水30分钟后沥干；红枣洗净、沥干，备用。

② 取一汤锅，放入鸡块、参须、红枣、姜片，再加入水以大火煮滚后，转小火盖上盖子，继续炖煮约1.5小时，再加入米酒及盐拌匀煮滚即可。

麻油鸡

材料

土鸡肉块900克，老姜片100克

调料

盐1/4小匙，鸡精1/2小匙，胡麻油50克，米酒1瓶，热水800毫升

做法

① 土鸡肉块洗净，放入钢盆中，冲入分量外的热水，翻拌一下后马上捞出，再次冲洗干净备用。

② 热锅倒入胡麻油以小火烧热，放入老姜片小火爆香至颜色变深且卷曲，放入土鸡肉块炒至半熟，倒入米酒翻炒至再次滚开，再倒入800毫升热水继续煮约20分钟，最后加入盐和鸡精拌匀即可。

脆皮炸鸡腿

🥢 **材料**
大鸡腿1只，熟西蓝花适量

🧂 **炸粉**
面粉50克，全蛋1个，盐少许，白胡椒粉少许，水适量

🧂 **腌料**
姜末5克，蒜末2瓣，五香粉1小匙，酱油1小匙，盐少许，白胡椒粉少许

🍳 **做法**

① 用菜刀在鸡腿侧边划一刀见骨，再将鸡腿放入沸水中氽烫过水备用。

② 取一个容器，加入所有腌料拌匀，加入氽烫好的鸡腿腌约30分钟；将炸粉的所有材料拌匀成面糊，放入腌好的鸡腿轻轻沾裹。

③ 将鸡腿再放入油温约190℃的油锅中，炸5～6分钟成金黄色盛盘，摆上西蓝花装饰即可。

咸酥鸡

🥢 **材料**
带骨鸡胸肉1副，罗勒适量，地瓜粉100克，葱段25克，姜10克，蒜30克

🧂 **调料**
A： 五香粉1/4茶匙，酱油膏1大匙，水50毫升，料酒1大匙，糖1茶匙
B： 椒盐粉1茶匙，水适量

🍳 **做法**

① 鸡胸肉去皮、去骨，切成小丁备用；葱、姜洗净，和水一起放入调理机中打碎，滤渣取汁，再将蒜、葱姜汁倒回调理机中打成泥状。

② 食材泥、所有调料A与鸡丁混合，腌制备用。

③ 热油锅，将鸡丁均匀沾裹地瓜粉，静置20～30秒钟后，下锅炸至表面金黄色，起锅滤油，装盘。

④ 罗勒下锅炸2～3秒钟，起锅滤油，搭配炸好的鸡丁，最后撒上椒盐粉即可。

客家小炒

📋 **材料**

五花肉条250克,泡发鱿鱼条200克,豆干条180克,
葱段25克,辣椒丝10克,蒜末10克,姜末5克,
虾米15克,芹菜段25克

📋 **调料**

酱油1大匙,糖1小匙,五香粉少许,胡椒粉少许,
盐少许,米酒1大匙

📋 **做法**

① 热锅,加入适量色拉油,放入五花肉条炒至变
　色后,放入蒜末、姜末、虾米、豆干条炒香。

② 再放入葱段、辣椒丝、鱿鱼条拌炒匀,加入
　所有调料炒香,最后放入芹菜段快炒至入味
　即可。

回锅肉

📋 **材料**

五花肉300克,青椒1个,豆干3片,洋葱1/2个,
蒜3瓣,辣椒1个,胡萝卜片20克

📋 **调料**

鸡精1小匙,酱油1大匙,米酒1大匙,香油1大匙,
沙茶酱1大匙

📋 **做法**

① 将五花肉洗净,切成薄片;青椒洗净后去
　籽,切片;豆干洗净后切片;洋葱、蒜和辣
　椒都切成片状,备用。

② 将所有材料和胡萝卜片放入油温为200℃的
　油锅中,稍微过油让材料略熟,捞起沥油。

③ 取一个炒锅,放入炸好的所有材料,再加入
　所有的调料,以大火翻炒均匀即可。

白切肉

📋 **材料**

五花肉500克,蒜泥酱适量

📋 **做法**

五花肉洗净,整块放入沸水中,烧滚后转小火,盖上锅盖
继续煮15分钟关火,不开盖焖30分钟后再取出。切成片状
后盛盘,食用时搭配蒜泥酱即可。

蒜泥酱

材料: 蒜6瓣,葱段1根,姜10克,酱油膏3大匙,糖1小匙,
　　　　香油1小匙

做法: 蒜、葱、姜均洗净切碎末,再加其余材料一起搅
　　　　拌均匀,即为蒜泥酱。

古味炒三层

材料
五花肉片600克，嫩姜片100克，菜瓜片50克

调料
A：酱油1大匙，米酒1/2小匙，醋1大匙，糖1小匙，鸡精1/4小匙
B：五香粉1/3小匙

做法
锅中加1小匙油烧热，放入五花肉片爆香，再放入调料A与嫩姜片、菜瓜片，最后加入调料B，拌炒均匀至入味、汤汁收干即可。

关键提示 嫩姜片、菜瓜片需自行腌制：将嫩姜与菜瓜切片，加入酱油1小匙、糖1小匙、鸡精1/4小匙与米浆1小匙搅拌均匀，腌制约2天入味即可取用。

橙汁排骨

材料
猪小排骨50克，洋葱(切丝)1/2个，蒜(切片)3瓣，橙子皮1个，橙子片(装饰用)适量

调料
酱油1小匙，米酒1大匙，盐少许，黑胡椒粉少许，糖1大匙，柳橙汁500毫升

做法
1. 先将猪小排骨洗净，放入油温约190℃的油锅中，炸至表面呈金黄色。
2. 取一炒锅，放入洋葱丝、蒜片，以中火先炒香，再加入炸好的猪小排骨炒匀。
3. 加入所有调料，以中小火烩煮约10分钟，让汤汁略烧至稠状。
4. 起锅前将橙子皮放入烩煮的汤汁中，增加菜品香气后盛盘，再以橙子片装饰即可。

北部卤肉

材料
猪肉馅600克，猪皮150克，紫洋葱末80克，蒜末15克，猪皮高汤1000毫升

调料
白胡椒粉1/4小匙，五香粉少许，肉桂粉少许，酱油150克，米酒50毫升，糖1大匙，糖色1大匙

做法
1. 热油锅内放入紫洋葱末，爆香后盛出。
2. 猪皮洗净，放入沸水中煮约20分钟，捞起切小块备用。
3. 重新加热炒锅，放入猪肉馅炒至肉色变白，加入爆香的紫洋葱末、五香粉炒香，再加入肉桂粉和其余调料炒至入味。
4. 最后加入猪皮和煮猪皮的高汤，煮滚后改转小火并盖上锅盖，煮约90分钟，搭配米饭食用即可。

关键提示 糖色的做法是将300克的糖锅中以小火炒至金红色，待糖液冒泡再加入300毫升的水炒匀即可。

南部卤肉

材料
猪肉馅600克，猪皮150克，紫洋葱头80克，蒜末15克，猪皮高汤1000毫升

调料
白胡椒粉1/4小匙，酱油150克，米酒50毫升，糖3大匙

做法
1. 紫洋葱头洗净切末，与蒜末一起放入烧热的油锅中爆香，用小火炒至呈金黄色后捞出，备用(保留锅中油分)。
2. 将猪皮洗净，放入沸水中煮20分钟，捞起切小块备用(汤汁保留为猪皮高汤)。
3. 重新加热炒锅，放入猪肉馅炒至肉色变白。
4. 加入爆香的紫洋葱末、蒜末、酱油和其余调料炒香。
5. 再放入猪皮块，倒入煮猪皮的高汤继续煮。
6. 煮滚后转小火再煮90分钟，至汤汁浓稠即可。

洋葱卤肉臊

材料

猪皮200克，洋葱末40克，猪油5大匙，
胛心肉(绞碎)600克，高汤1200毫升

调料

酱油100毫升，冰糖1大匙，米酒2大匙，
白胡椒粉少许，五香粉少许

做法

1. 猪皮洗净、切大片，放入沸水中汆烫约5分
   钟，再捞出冲冷水，备用。
2. 热锅，加入猪油，再放入洋葱末爆香，用小
   火炒至呈金黄色微焦后，取出20克的洋葱
   酥备用，继续加入胛心肉炒至肉色变白，再
   加入所有调料炒香后熄火。
3. 取一砂锅，倒入材料(除洋葱酥外)，加入高汤
   煮滚后，加入猪皮煮约1小时，再加入20克洋
   葱酥煮10分钟，最后夹出猪皮，搭配米饭和
   卤蛋食用即可。

香菇卤肉臊

材料

胛心肉600克，肥肉150克，香菇6朵，葱段5根，
紫洋葱头半个，姜片5片

调料

酱油200毫升，绍兴酒300毫升，冰糖1大匙，
水800毫升

做法

1. 胛心肉、肥肉洗净，入沸水汆烫后捞起，
   以冷水冲洗后，再剁成碎丁；香菇洗净，
   泡软后切细末；紫洋葱头、葱、姜片分别
   洗净切细末，备用。
2. 热油锅，放进肥肉以中火炒至逼出油脂，
   再把肥肉彻底炒干成肉渣。
3. 热锅，放入香菇末及紫洋葱头炒香，再放入
   胛心肉碎炒至变色，放入肉渣一起拌炒。
4. 继续加入葱末、姜末炒香，倒入所有调味料
   煮开后，倒入砂锅中以小火慢卤1小时即可。

彩椒炒肉片

材料
猪肉200克，红甜椒1个，黄甜椒1个，葱段2根，蒜2瓣

调料
淀粉1小匙，酱油1小匙，香油1小匙

腌料
酱油膏1小匙，番茄酱1大匙，米酒1大匙，鸡精1小匙

做法
1. 将猪肉洗净切片，放入腌料中腌制约20分钟，甜椒洗净切块；葱和蒜洗净切片备用。
2. 热一油锅，加入猪肉片以中火炒至肉片变色，再加入葱段和蒜片爆香。
3. 加入甜椒块及所有调料拌炒均匀即可。

韭菜炒鸭肠

材料
鸭肠120克，韭菜段40克，辣椒片10克，姜丝10克，酸菜丝20克

调料
酱油1小匙，黄豆酱1大匙，糖1小匙，米酒1大匙，香油1小匙

做法
1. 鸭肠以适量白醋(材料外)洗净，切段状，放入沸水中汆烫一下，捞出备用。
2. 热一炒锅，加入少许色拉油，放入鸭肠外的所有材料炒香，再加入鸭肠和所有调料炒匀即可。

备注：鸭肠先用白醋抓匀，可以去除腥味，色泽也会较白。

豆豉辣椒炒肉末

材料
猪肉馅150克，豆豉10克，蒜末10克，红辣椒末10克，蒜苗末30克

调料
酱油1大匙，糖1茶匙，料酒1大匙，辣油1茶匙，香油1茶匙，水淀粉1茶匙

做法
1. 热锅，倒入少许色拉油，放入猪肉馅及豆豉以中火拌炒至肉色变白、香气逸出后，捞出备用。
2. 在锅中放入蒜末及红辣椒末以中火爆香，再放入猪肉馅及酱油、糖、料酒拌炒，接着放入蒜苗末拌匀。
3. 将水淀粉倒入，以中火勾芡，放入香油及辣油拌匀即可。

酸菜肚丝

材料
卤猪肚150克,芹菜段30克,蒜末10克,辣椒片10克,酸菜丝30克

调料
酱油1大匙，糖1小匙，米酒1大匙，陈醋1大匙，香油1大匙

做法
卤猪肚切丝状备用；热一炒锅，加入少许色拉油，放入猪肚外的所有材料炒香，再加入猪肚丝和所有调料炒匀即可。

关键提示 买卤好的猪肚丝比较方便，如果买回家自己卤，可以用少许八角与适量酱油卤约1.5小时，这样猪肚才易熟。

麻油腰花

材料
猪腰300克, 老姜片50克, 枸杞子10克, 葱段适量

调料
胡麻油4大匙，酱油1大匙，米酒4大匙

做法
1. 枸杞子用冷水泡软后捞出；猪腰洗净后划十字刀，再切成块状，加入2大匙米酒浸泡腌制约10分钟，备用。
2. 冷锅加入胡麻油，接着加入老姜片炒香，再加入猪腰快炒至熟，起锅前加入剩余调料与枸杞子、葱段炒匀即可。

关键提示 猪腰内膜一定要先刮除干净，并用流动的水冲约5分钟，切花后再泡水约10分钟即可去除腥味。

煎猪肝

材料
猪肝120克

调料
酱油2大匙，米酒1大匙，糖1大匙，淀粉适量

做法
1. 猪肝洗净切成约0.5厘米的厚片，撒上少许淀粉，备用。
2. 热一平底锅，加入少许色拉油，放入猪肝片煎至两面微黄至熟，接着加入其余所有调料炒匀即可。

关键提示 利用猪肝的孔洞灌入清水，可以冲掉猪肝内的秽物，但猪肝遇热后易变干涩，需辅以淀粉抓匀后入锅烹炒，吃起来才不会柴涩。

甘蔗卤肉

材料

猪五花肉400克, 甘蔗120克, 姜20克, 蒜20克,
八角6克, 肉桂10克

调料

酱油300毫升, 糖1大匙, 米酒100毫升,
水800毫升

做法

1. 猪五花肉洗净切小块; 蒜和姜洗净切碎;
   甘蔗去皮洗净对切成四瓣, 备用。
2. 热锅, 倒入3大匙色拉油, 以小火爆香蒜
   碎和姜碎, 加入猪五花肉块拌炒至猪肉表
   面变白, 加入甘蔗、八角、肉桂以及所有
   调料, 煮至滚沸后转小火炖煮约1小时即可
   (盛盘时可加入葱丝装饰)。

卤猪排

材料

猪里脊300克, 地瓜粉适量, 葱30克, 姜片20克,
红辣椒(切段)1个

调料

盐1茶匙, 酱油3大匙, 糖1大匙, 料酒1大匙,
水1500毫升

做法

1. 猪里脊切成厚约0.7厘米的肉片, 并将肉拍
   松断筋, 备用。
2. 将猪里脊均匀蘸裹上地瓜粉, 放入油温为
   150℃的油锅中, 以中火炸至两面金黄色沥
   油, 即为炸猪排。
3. 将葱、姜片、红辣椒段及水放入锅中煮
   滚, 再放入其余所有调料拌匀, 放入炸猪
   排, 以小火卤约5分钟即可。

炒下水

📋 **材料**

鸡肝100克，鸡心50克，酸菜丝30克，蒜末20克，芹菜段30克，辣椒片10片

🍶 **调料**

盐1/4小匙，酱油2大匙，米酒1大匙，醋1大匙，糖2大匙，香油1小匙

📖 **做法**

① 鸡肝、鸡心洗净后切片状，放入沸水中略余烫，捞出备用。

② 热一炒锅，加入少许色拉油，放入蒜末、辣椒片炒香，接着放入鸡肝片、鸡心片炒匀，然后加入酸菜丝、芹菜段与所有调料，转大火炒匀即可。

关键提示　鸡肝、鸡心下锅前要先用沸水余烫，再入锅拌炒，汤汁才不会混浊。

椒盐里脊

📋 **材料**

猪里脊条120克，葱花10克，蒜末5克，辣椒末5克，胡椒盐适量

🍶 **腌料**

葱段1根，姜10克，盐1/4小匙，糖1小匙，米酒2大匙

📋 **面糊材料**

面粉7大匙，淀粉1大匙，泡打粉1小匙，鸡蛋1个，色拉油1大匙，水70毫升

📖 **做法**

① 猪里脊肉条加入所有腌料，抓匀后腌约10分钟；所有面糊材料拌匀，将腌好的猪里脊肉条放入面糊中均匀蘸裹。

② 热一油锅至油温150℃，将猪里脊肉条放入油锅中以中火炸至表面成金黄色，盛于盘中。

③ 热一炒锅，加入少许色拉油，放入葱花、蒜末、辣椒末炒香，盛至炸好的猪里脊肉上，再撒上胡椒盐即可。

香肠炒蒜苗

🍖 材料

香肠120克，蒜苗片30克，蒜末10克，辣椒片10克

🫙 调料

酱油1大匙，米酒1大匙，糖1小匙

🍳 做法

1. 香肠放入蒸锅中以大火蒸约5分钟，取出后切斜片状。
2. 热一炒锅，加入少许色拉油，放入蒜苗片、蒜末、辣椒片炒香，接着放入香肠片与所有调料炒匀即可。

关键提示 　　香肠先蒸过可以帮助香肠定型，比较好切片，而且熟的香肠与其他材料快速炒匀即可起锅。

蒜苗炒咸肉

🍖 材料

熟咸猪肉1条，蒜苗3根，红辣椒片适量

🫙 调料

盐1/4茶匙，糖1/4茶匙

🍳 做法

1. 熟咸猪肉切斜刀薄片；蒜苗洗净，切斜刀片状。
2. 取锅，将咸猪肉片放入锅中，以小火煎煸至出油，接着放入红辣椒片、蒜苗片和所有调料，快速翻炒约2分钟即可盛盘。

关键提示 　　咸猪肉不要在锅中煸过头，因为煸太久，肉质会变太干不好吃，而且看起来干干柴柴的也不美观。

酸菜炒五花肉

📇 **材料**
猪五花肉200克，酸菜300克，蒜片10克，
红辣椒片15克

🍶 **调料**
盐1/2小匙，酱油1/2匙，糖1/2小匙，米酒1大匙，
胡椒粉少许，醋1小匙

🍳 **做法**
1 猪五花肉洗净切片；酸菜略为冲洗后切小
段，备用。
2 热锅倒入1大匙色拉油，放入猪五花肉片炒至
油亮，加入蒜片和红辣椒片爆香。
3 然后放入酸菜段拌炒均匀，加入所有调料翻
炒至入味即可。

榨菜肉丝

📇 **材料**
猪肉丝100克，榨菜150克，蒜末10克，葱末10克，
辣椒片5克

🍶 **调料**
盐少许，糖1/4小匙，鸡精1/4小匙，米酒1/4小匙

🍳 **做法**
1 榨菜洗净后切丝备用。
2 热锅，倒入2大匙色拉油，放入蒜末、葱末、
辣椒片爆香后，放入猪肉丝炒至变白。
3 再放榨菜丝及所有调料炒匀即可。

竹笋炒肉丝

📇 **材料**
猪肉丝100克，色拉笋200克，黑木耳30克，蒜末100克，
辣椒末10克

🍶 **调料**
盐1/4小匙，糖少许，酱油1/4小匙，醋少许，香油少许

🍳 **腌料**
酱油1/2小匙，米酒1小匙，淀粉少许

🍳 **做法**
1 猪肉丝加入所有腌料腌约10分钟；黑木耳洗净切丝；色
拉笋切丝后放入沸水中氽烫一下，备用。
2 热锅，倒入2大匙色拉油，放入蒜末、辣椒末爆香，再
放入猪肉丝炒至变白。
3 加入黑木耳丝、笋丝及所有调料炒匀即可。

鱼香肉臊

📋 材料
肉馅600克，葱3根，姜30克，蒜5瓣

🍶 调料
酱油3大匙，辣豆瓣酱5大匙，米酒3大匙，糖2大匙，水1400毫升

📖 做法
1. 将葱、姜、蒜洗净切碎，备用。
2. 热油锅，放入葱、姜、蒜碎爆香，加入肉馅炒香，放入所有调料和水，再移入炖锅中。
3. 将炖锅用大火煮滚，再转小火盖上盖，炖煮50分钟即可。

瓜仔肉臊

📋 材料
肉馅300克，花瓜100克，蒜10瓣

🍶 调料
酱油5大匙，冰糖2大匙，五香粉1小匙，米酒3大匙，水800毫升

📖 做法
1. 将花瓜、蒜分别洗净剁碎备用。
2. 热油锅，放入蒜碎爆香，放入肉馅炒香，再放入花瓜碎、所有调料后，移入炖锅中。
3. 将炖锅用大火煮滚后，转小火盖上盖，卤60分钟即可。

梅干菜扣肉

材料

五花肉	450克
梅干菜	220克
蒜末	10克
姜末	10克
红辣椒末	5克
香菜	少许

调料

鸡精	少许
糖	1小匙
米酒	1大匙

腌料

酱油	1.5大匙
米酒	1/2大匙

做法

① 五花肉放入沸水中氽烫一下后，捞起洗净切片，加入酱油拌匀；梅干菜加入300毫升水泡约5分钟后洗净沥干，切小段。

② 热锅，加入2大匙色拉油，放入姜末、蒜末、红辣椒末爆香，放入梅干菜段炒约2分钟，再加入调料炒匀。

③ 取一碗，排放入五花肉片，放入炒好的梅干菜，入蒸笼中蒸约1.5小时后熄火，再闷约20分钟，取出倒扣入盘中，摆上香菜即可。

生炒猪心

🍖 **材料**

猪心150克，葱段40克，姜片10克

🧂 **调料**

盐1/4小匙，酱油1大匙，米酒1大匙，醋1小匙，糖1小匙，香油1大匙，水3大匙

🍳 **做法**

1. 猪心洗净切片状，备用。

2. 热一炒锅，加入少许色拉油，放入葱段、姜片爆香，接着放入猪心片及所有调料，转大火炒匀即可。

> **关键提示** 　　猪心切好后直接加些米酒略抓匀，再放入锅中拌炒，可以有效去除腥味。

沙茶爆猪肝

🍖 **材料**

猪肝150克，红辣椒1个(切片)，姜末5克，葱段50克

🧂 **调料**

A：米酒1大匙，淀粉1茶匙

B：沙茶酱2大匙，盐1/4茶匙，糖1/2茶匙，米酒2大匙，香油1茶匙

🍳 **做法**

1. 猪肝洗净沥干，切成厚约0.5厘米的片状，用调料A抓匀腌制约2分钟。

2. 热锅，倒入4大匙色拉油，放入猪肝片大火快炒至表面变白后，捞起沥油备用。

3. 锅底留少许油，以小火爆香葱段、姜末及红辣椒片，加入沙茶酱炒香后，放入猪肝片快速翻炒，最后加入盐、糖和米酒炒约30秒钟至汤汁收干，再淋上香油即可。

姜丝大肠

🍖 **材料**

大肠250克，姜丝80克，辣椒(切丝)1个

🧂 **调料**

黄豆酱1大匙，糖1小匙，醋1小匙，米酒1大匙，香油1大匙

🍳 **做法**

1. 大肠洗净、剪小段，备用。

2. 热锅，加入适量色拉油，放入姜丝、辣椒丝炒香，接着加入大肠及所有调料，以大火快炒均匀至软即可。

> **关键提示** 　　大肠烹调前处理：1.剪去肥油。2.将大肠翻面后用盐搓洗数十下，再冲洗净。3.接着加入白醋搓洗约1分钟，再冲水洗净。4.最后放入沸水中余烫约5分钟，捞出洗净，用冷水冲凉即可。

红烧肉

材料
五花肉600克，青蒜段80克，红辣椒(切段)1个

调料
酱油3大匙，蚝油2大匙，糖1大匙，米酒1大匙，水700毫升

做法
1. 青蒜段分切成蒜尾、蒜白；五花肉洗净切块，放入热油锅中炸至表面微焦，捞出沥油，备用。
2. 热锅，加入2大匙色拉油，放入蒜白、红辣椒段爆香，再放入五花肉块。
3. 加入除水外的所有调料炒香，再加入水，煮滚后盖上锅盖，以小火卤约40分钟，最后放入蒜尾拌匀入味即可。

可乐卤猪蹄

材料
猪蹄1500克，姜片15克，蒜5瓣，葱段30克，八角2粒，可乐350毫升

调料
酱油200毫升，米酒200毫升，盐少许，水1300毫升

做法
1. 猪蹄洗净，放入沸水中氽烫后捞出泡冰水，沥干水分后，放入热油锅中炸至表面微焦，再捞起放入砂锅中。
2. 热锅，加入2大匙色拉油，放入姜片、葱段、蒜及八角爆香，加入所有调料煮匀，倒入砂锅后再加入可乐煮滚，转小火煮约1小时后熄火，再焖约20钟即可。

花生卤猪蹄

材料
猪蹄550克，生花生100克，姜片8克，葱段1根

卤汁材料
卤味包1/2包，甘甜酱油60毫升，水700毫升

做法
1. 将猪蹄洗净切小段备用；将生花生洗净后，放入冷水中泡约1小时。
2. 取一个汤锅，加入1大匙色拉油烧热，再加入姜片与葱段，以中火爆香。
3. 再加入所有卤汁材料和猪蹄、生花生，以中火煮开，盖上锅盖，以中火焖煮约40分钟即可。

红烧狮子头

📋 材料

材料	分量
猪肉馅	500克
荸荠	80克
姜	30克
葱白	2根
鸡蛋	1个
大白菜	适量

🧂 调料

A:

绍兴酒	1茶匙
盐	1茶匙
酱油	1茶匙
糖	1大匙

B:

水	50毫升
淀粉	2茶匙
水淀粉	3大匙

🥣 卤汁

姜片	3片
葱(切末)	1根
水	500毫升
酱油	3大匙
糖	1茶匙
绍兴酒	2大匙

🍳 做法

❶ 荸荠去皮、洗净切末；姜洗净切末，葱白洗净切段，和姜末加水打成汁后，过滤去渣。

❷ 猪肉馅与盐混合，摔打搅拌至呈胶黏状，再依次加入荸荠、葱姜汁、调料A和蛋液，搅拌摔打。

❸ 继续加入淀粉拌匀，再平均分成10颗肉丸状。

❹ 备一锅热油，手蘸取水淀粉再均匀地裹上肉丸，将肉丸放入油锅中炸至表面呈金黄后捞出。

❺ 取一锅，先放入卤汁材料，再加入炸过的肉丸，以小火炖煮2小时。

❻ 最后将大白菜洗净，放入沸水中汆烫，再捞起沥干，放入即可。

家常卤肉

材料
五花肉300克，猪皮150克，梅花瘦肉150克，水煮蛋5个，豆干200克，蒜3瓣，葱段20克，红辣椒段10克，八角2粒

调料
酱油150毫升，酱油膏50毫升，冰糖1大匙，胡椒粉少许，五香粉少许，水1200毫升

做法
1. 猪皮洗净，放入沸水中氽烫约5分钟，取出切块，备用；豆干洗净对切，放入沸水中氽烫，捞出沥干水分，备用。
2. 热锅，加入3大匙色拉油，放入五花肉及猪皮块，炒至表面微焦，再放入梅花瘦肉、蒜、葱段、红辣椒段及八角炒香。
3. 锅中加入除水外的所有调料拌炒均匀，再加入水煮滚后，放入水煮蛋，转小火卤约40分钟，再放入豆干块继续卤15分钟，再焖约10分钟即可。

白菜卤肉

材料
青蒜1根，红辣椒1个，水500毫升，大白菜200克，五花肉600克

调料
酱油100毫升，冰糖1大匙，料酒2大匙，白胡椒粉1小匙，水适量

做法
1. 青蒜洗净切斜段；红辣椒洗净去蒂，备用。
2. 热锅，倒入2大匙色拉油，放入青蒜段和红辣椒爆香，放入所有调料炒香后，再移入深锅中，加入水煮至滚沸即为白菜卤肉卤汁。
3. 大白菜洗净沥干，切成小片状；五花肉洗净切片后再切长块，略冲水洗净，备用。
4. 热一油锅，放入五花肉块煎至两面上色，取出沥油，然后和大白菜一起放入白菜卤肉卤汁中，煮沸后改小火煮至软嫩入味即可。

葱烧排骨

材料
猪腩排500克(五花排)，葱段15根

调料
酱油4大匙，糖4大匙，绍兴酒3大匙，水500毫升

做法
1. 猪腩排洗净，剁成4厘米长条状，泡水30分钟，再放入沸水中氽烫去除血水脏污；葱洗净切三段。
2. 取一锅，锅内倒入少许色拉油，将葱段炒至略焦后，放入猪腩排块和调料，以小火慢烧约1小时后盛盘，再放上适量氽烫过的西蓝花(材料外)即可。

腐乳肉

材料
五花肉块200克，西蓝花80克，红腐乳1块，红曲米1大匙，八角3粒，桂皮1根，姜片20克，葱段1根

调料
酒2大匙，酱油1茶匙，糖2茶匙，鸡精1/4茶匙，水500毫升

做法
1. 红腐乳压烂；红曲米冲入1/2碗沸水，泡约30分钟后过滤去渣，备用。
2. 五花肉块放入沸水中氽烫后放入汤锅内，加入八角、桂皮、姜片、葱段、所有调料及腐乳泥和红曲米，煮滚后转小火慢煮约1小时至入味。
3. 挑除八角、桂皮、姜片、葱段后，将煮好的五花肉盛盘，再用烫熟的西蓝花围边。

什锦炖煮

📋 **材料**

鸡肉块200克，胡萝卜60克，土豆150克，
洋葱60克，牛蒡50克，鲜香菇5朵，甜豆荚30克，
高汤800毫升

🍶 **调料**

酱油4.5大匙，米酒3.5大匙，味酥3.5大匙，
糖1小匙

📖 **做法**

① 胡萝卜、土豆洗净，去皮切块；洋葱洗净
切片；牛蒡去皮洗净切块；鲜香菇去梗洗
净切十字花；甜豆荚洗净，去头尾，备用。

② 热锅，加入2大匙色拉油，放入鸡肉块炒至
变色后，放入洋葱片、鲜香菇炒香，再加
入胡萝卜块、土豆块和牛蒡块略炒均匀。

③ 锅中加入调料、高汤拌匀煮滚，盖上铝箔
纸以小火煮约30分钟至材料入味，最后放
入甜豆荚再煮1分钟即可。

排骨酥

📋 **材料**

猪排骨400克，蒜末10克，葱末10克，
地瓜粉适量

🍶 **腌料**

糖1/2小匙，盐少许，水2大匙，鸡蛋液适量，
米酒2大匙，酱油少许，豆腐乳1块，淀粉少许

📖 **做法**

① 猪排骨冲水洗净后沥干，加入所有腌料、
蒜末、葱末拌匀腌约2小时后，均匀蘸裹上
地瓜粉放置5分钟，使之反潮备用。

② 热锅，倒入稍多的色拉油，待油温热至约
160℃，将猪排骨放入锅中，以小火炸约8
分钟，再转大火炸至表面酥脆上色即可。

酥炸红糟肉

材料

五花肉	600克
姜末	5克
蒜末	5克
红糟酱	100克
蛋黄	1个
地瓜粉	适量
小黄瓜片	适量

调料

酱油	1小匙
盐	少许
米酒	1小匙
糖	1小匙
胡椒粉	少许
五香粉	少许

做法

1. 五花肉洗净、沥干水分，与姜末、蒜末及所有调料拌匀，再用红糟酱抹匀五花肉表面，即为红糟肉。
2. 将红糟肉封上保鲜膜，放入冰箱中，冷藏约24小时，待入味备用。
3. 取出红糟肉，撕去保鲜膜，用手将肉表面多余的红糟酱刮除，再与蛋黄拌匀，接着均匀蘸裹上地瓜粉，放置约5分钟，待吸收汁液备用。
4. 热油锅，待油温烧热至约150℃时，放入红糟肉，用小火慢炸至快熟时，转大火略炸逼出油，再捞起沥干油。
5. 待凉后，将红糟肉切片，食用时搭配小黄瓜片增味即可。

蒜汁炸排骨

材料
猪肋排1根(约250克)，蒜40克，胡椒盐适量

调料
A：盐1/4茶匙，鸡精1/4茶匙，糖1茶匙，料酒1大匙，水3大匙，小苏打1/8茶匙
B：淀粉2大匙，蛋清1大匙

做法
1 猪肋排洗净剁成小段，将调料A与蒜用果汁机打成泥，再加入蛋清拌匀，放入猪肋排抓匀腌制20分钟备用。
2 将淀粉加入腌过的猪肋排抓匀备用。
3 热锅倒入约200毫升色拉油，待油温烧热至约160℃后，将猪肋排下锅以小火炸约6分钟，转中火炸至金黄酥脆，蘸胡椒盐即可。

关键提示 猪肋排的肉质并不厚，因此在油炸的时候千万不要用太大的火，以免表面烧焦，而里面仍是半生不熟。

脆皮肥肠

材料
卤大肠头170克，地瓜粉2大匙，葱丝30克，红辣椒丝少许

蘸酱
胡椒盐适量

做法
1 将大肠头均匀蘸裹地瓜粉；热一油锅，油温热至约140℃时，将大肠头放入油锅中炸至酥脆，捞出沥油。
2 将葱丝铺盘底，取大肠头切斜片状，放上葱丝与红辣椒丝，蘸胡椒盐食用即可。

关键提示 肥肠一定要卤过才不会有腥味，最方便的方式是买现成卤过的肥肠，如果只能买生的，可以买回卤包与肥肠一起卤约1小时后，再进行料理。

蚝油芥蓝牛肉

材料
牛肉片150克，芥蓝100克，鲍鱼菇1片，
胡萝卜片10克，姜末1/4茶匙

调料
蚝油2茶匙，盐少许，糖1/4茶匙，水3大匙

腌料
鸡蛋液2茶匙，盐1/4茶匙，酱油1/4茶匙，
酒1/2茶匙，淀粉1/2茶匙

做法
1. 牛肉片加入腌料拌匀；芥蓝切去硬蒂、老叶后洗净；鲍鱼菇洗净切小块，备用。
2. 煮一锅沸水，加入1茶匙糖(分量外)，放入芥蓝氽烫熟后捞出盛盘。
3. 热一油锅，放入牛肉片煎至九分熟后盛出。
4. 再次加热油锅，放入鲍鱼菇块、胡萝卜片、姜末略炒，再加入所有调料及牛肉片，以大火炒匀，倒在芥蓝上即可。

干煸牛肉丝

材料
牛肉丝150克，四季豆30克，辣椒丝少许，
蒜末1/4茶匙

调料
绍兴酒2茶匙，酱油1茶匙，糖1/4茶匙

腌料
蛋液2茶匙，盐1/4茶匙，酱油1/4茶匙，酒1/2茶匙，
淀粉1/2茶匙

做法
1. 四季豆去蒂、切斜刀段，备用；牛肉丝加入所有腌料拌匀，备用。
2. 热锅，加入3大匙色拉油烧热，放入牛肉丝以中小火炒至变色，并分两次加入绍兴酒，炒至表面略焦黄。
3. 锅中接着放入四季豆及蒜末、辣椒丝炒匀，起锅前加入酱油与糖，以中火炒约1分钟即可。

清炖牛腩

📋 材料
牛肋条300克,白萝卜100克,姜30克,葱10克,
花椒1茶匙,白胡椒粒1/2茶匙

🍶 调料
盐1茶匙,米酒1大匙,水700毫升

🍴 做法

❶ 牛肋条切5厘米长的段,放入沸水中汆烫、
捞出洗净,备用;白萝卜洗净去皮、切滚刀
块,放入沸水中汆烫、捞出,备用;姜洗净切
片;葱洗净切段;白胡椒粒用菜刀压破,和
花椒一起装入卤包袋中,备用。

❷ 取一汤锅,加入所有材料,再加700毫升水以
小火熬煮1小时,续加入所有调料再煮15分
钟,起锅前捞除卤包袋、姜片、葱段即可(盛
碗后可另加入香菜搭配)。

红烧牛肉

📋 材料
牛腱心2条,姜末1茶匙,紫洋葱末1茶匙,
蒜末1/2茶匙,上海青80克

🍶 调料
A: 豆瓣酱1茶匙,米酒1大匙,水500毫升
B: 蚝油2茶匙,糖2茶匙,盐1/4茶匙

🍴 做法

❶ 牛腱心放入沸水中,以小火汆烫约10分钟
后捞出,冲凉剖开再切2厘米厚块,备用。

❷ 热锅,加入2大匙色拉油,放入姜末、紫洋葱
末、蒜末以小火炒香,再加入豆瓣酱、米酒、
牛肉,以中火炒约3分钟,接着加入水以小火
煮约15分钟,再加入调料B拌匀,加盖煮10分
钟至入味。

❸ 上海青洗净、对剖去头尾,放入沸水中汆烫后
捞起盛盘围边,中间放入炒好的牛肉即可。

咖喱牛肉

材料
牛肉片150克，菜花5瓣，土豆50克，甜豆荚3根，胡萝卜20克，洋葱1/4个，蒜末1/2茶匙

调料
A：咖喱粉1大匙，水250毫升
B：盐1/2茶匙，鸡精1/2茶匙，糖1/4茶匙

做法
1. 土豆、胡萝卜、洋葱均去皮洗净切片，氽烫2分钟后过冷水，备用；菜花洗净切小朵；甜豆荚摘蒂洗净，备用。
2. 热锅，加入1.5大匙色拉油，放入蒜末、咖喱粉略炒，再放入牛肉片炒至肉色发白，接着加入水及所有调料B拌匀，再加入所有蔬菜（甜豆荚除外）煮约5分钟，起锅前加入甜豆荚煮滚即可。

土豆烩牛腩

材料
牛腩300克，土豆1个，胡萝卜100克，姜15克，葱段1根，月桂叶1片

调料
酱油1大匙，奶油1大匙，鸡精1小匙，水适量

做法
1. 先将牛腩切成约3厘米见方的块状，再放入沸水中氽烫去血水，备用；土豆和胡萝卜皆洗净去皮切成滚刀状；姜洗净切片；葱洗净切成段状备用。
2. 取一个小汤锅，先加入1大匙色拉油，再放入牛腩块以中火炒香，再加入所有食材，以中火翻炒均匀，最后再加入所有的调料，以中小火烩煮至食材入味即可。

洋葱炖牛肉

材料
牛腩200克，洋葱1个，姜10克，葱段1根

调料
盐少许，白胡椒粉少许，月桂叶1片，丁香2粒，酱油1大匙，香油1小匙，水1000毫升

做法
1. 将牛腩洗净切块，放入沸水中汆烫，捞起备用；洋葱洗净切成大块状；姜洗净切片；葱洗净切段，备用。
2. 取一个炒锅，加入1大匙色拉油，接着加入姜片、葱段爆香，再放入洋葱块及牛腩块，以中火炒香。
3. 再放入所有的调料，以小火炖煮约30分钟至软即可。

洋葱寿喜牛肉片

材料
肥牛肉片200克，洋葱丝50克，熟白芝麻少许，柴鱼片1/2碗，姜片20克，葱段1根

调料
味醂2大匙，米酒1大匙，酱油2大匙，糖2茶匙，水250毫升

做法
1. 取一不锈钢锅，放入250毫升水、姜片、葱段以小火煮5分钟，加入柴鱼片后熄火，浸泡约30分钟后过滤出汤汁；将汤汁煮滚，加入其余所有调料拌匀，即为寿喜酱汁。
2. 热锅，倒入寿喜酱汁，放入洋葱丝以中火煮滚，再加入肥牛肉片以大火煮至入味且汤汁收少，盛盘后撒上熟白芝麻即可。

苹果咖喱牛肉

材料
牛肋条300克，苹果1个，洋葱1/4个，胡萝卜80克，高汤300毫升，蒜末1/2茶匙

调料
咖喱块4块，盐1/4茶匙，糖1/2茶匙，水200毫升

做法
1. 苹果洗净刨去外皮，切小块；胡萝卜洗净去皮，切菱形片；牛肋条切段，汆烫洗净；洋葱洗净切小块，备用。
2. 热锅，倒入适量色拉油，放入蒜末、洋葱块炒香，再加入牛肋条、苹果丁、胡萝卜片、水、高汤及其他调料（咖喱块除外），以小火煮约20分钟。
3. 最后加入咖喱块，煮至均匀软化即可。

贵妃牛腩

材料
牛肋条500克，紫洋葱头20克，姜30克

调料
番茄酱6大匙，辣椒酱4大匙，盐/6茶匙，水1000毫升，糖2大匙

做法
1. 牛肋条洗净切块，汆烫备用；紫洋葱头去皮洗净切碎；姜洗净切碎，备用。
2. 热锅，倒入1大匙色拉油，以小火爆香紫洋葱头碎和姜碎，加入牛肋条块和所有调料，煮至滚沸后转小火炖煮约1.5小时，至牛肋条块熟透软化、汤汁略为收干即可。

关键提示 炖煮时记得盖紧锅盖，用小火慢慢熬煮，才不会让汤汁的水分迅速蒸发流失，避免失去肉汁的鲜美滋味！

烧酒虾

材料
草虾300克，姜15克，葱段2根

调料
当归1片，枸杞子1大匙，红枣1大匙，黄芪3片，
米酒150毫升，盐少许，白胡椒粉少许

做法
1. 先将草虾洗净，剪去触须、挑去沙线备用；
   姜洗净切丝；葱洗净切小段，备用。
2. 取一炒锅，先加1大匙色拉油，再加入姜
   丝、葱段，以中火先爆香，再加入所有调
   料以中火煮滚。
3. 然后加入处理好的草虾，将汤汁再次煮滚
   后关火，再焖至汤汁冷却即可。

芹菜炒鱿鱼

材料
泡发鱿鱼300克，芹菜150克，蒜末10克，
姜末10克，辣椒1个

调料
蚝油1小匙，米酒1大匙，沙茶酱1小匙，盐1/3小匙，
油2大匙，鸡精1/2小匙，糖1/4小匙

做法
1. 泡发鱿鱼洗净、切片；芹菜洗净切段；辣
   椒洗净切片，备用。
2. 热锅放入色拉油，放入蒜末、姜末、辣椒
   片爆香，再放入鱿鱼片和蚝油、米酒、沙
   茶酱拌炒均匀。
3. 再放入芹菜段、盐、鸡精、糖拌炒均匀入
   味即可。

辣炒小银鱼

材料
小银鱼200克，红辣椒片20克，糯米椒片100克，
蒜末10克

调料
蚝油1.5大匙，米酒1大匙，糖1小匙，盐少许，
淀粉适量

做法

1. 小银鱼洗净拭干，加入适量淀粉拌一下，
   放入油温约160℃的热油锅中炸约1分钟，
   捞出沥油。
2. 锅中留少许油，放入蒜末爆香，再放入红
   辣椒片、糯米椒片炒一下。
3. 再加入小银鱼及其余所有调料炒入味即可。

煎肉鱼

材料
肉鱼150克(约3尾)，面粉适量

腌料
盐适量，米酒1大匙

做法

1. 肉鱼洗净，抹上盐和米酒，腌制约10分钟
   后，在肉鱼表面均匀蘸裹面粉，备用。
2. 热一锅，加入适量色拉油，待油温烧热后，
   放入肉鱼煎至两面成金黄色至熟即可。

关键提示
将鱼身抹上少许盐和米酒可去
除腥味，煎时锅要够热，油温也要在
140℃以上才能将肉鱼入锅，这样煎出
来的鱼才会完整漂亮。

香葱鲜虾

 材料
草虾15尾

 调料
香葱米酒酱适量

 做法

❶ 将草虾洗净，肠泥挑除，再放入沸水中氽烫捞起备用。

❷ 草虾摆盘，加入香葱米酒酱搅拌均匀，泡约20分钟即可食用。

> **香葱米酒酱**
>
> **材料：** 米酒100毫升，盐少许，白胡椒粉少许，姜5克，红辣椒1个，葱段1根
>
> **做法：** 1.将姜、红辣椒、葱都洗净切段备用。
> 2.将所有材料混合均匀即可。

五味鲜虾

 材料
鲜虾12尾，小黄瓜50克，菠萝丁60克

 调料
五味酱4大匙

 做法

❶ 鲜虾去肠泥洗净；小黄瓜洗净后切丁。

❷ 煮一锅水至沸腾，将鲜虾下锅煮约2分钟至熟，取出冲水至凉，剥去虾头及虾壳，与小黄瓜丁、菠萝丁混合加入五味酱拌匀即可。

> **五味酱**
>
> **材料：** 葱花15克，姜末5克，蒜泥10克，醋15毫升，糖35克，香油20克，酱油膏40克，辣椒酱30克，番茄酱50克
>
> **做法：** 将所有材料混合拌匀至糖溶化即可。

酱爆虾

材料
白虾300克, 蒜末10克, 红辣椒15克, 洋葱丝30克, 葱段30克

调料
酱油1大匙, 辣豆瓣酱1大匙, 糖少许, 米酒1大匙

做法
1. 白虾洗净, 剪去须和头尖; 热锅, 加入2大匙食用油, 放入白虾煎香后取出; 葱段分葱白和葱绿, 备用。
2. 原锅放入蒜末、红辣椒片、洋葱丝和葱段爆香, 再放入白虾和所有调料, 拌炒均匀后, 加入葱绿再炒匀即可。

咸酥虾

材料
白虾300克, 葱段2根, 红辣椒2个, 蒜15克, 白胡椒盐1茶匙

做法
1. 白虾洗净沥干水分; 葱切葱花; 红辣椒、蒜洗净切碎, 备用。
2. 热油锅至油温约180℃, 将白虾放入油锅中, 炸约30秒至表皮酥脆即可起锅。
3. 另热锅, 加入少许色拉油, 以小火爆香葱花、蒜碎、红辣椒碎, 放入白虾, 撒入白胡椒盐后, 快速以大火翻炒均匀即可。

牡蛎酥

材料
牡蛎100克，红薯粉适量，罗勒5克，胡椒盐适量

做法
1. 罗勒洗净沥干，放入油锅中略炸至香酥后，捞起沥干、摆盘备用。
2. 牡蛎洗净沥干，蘸红薯粉后放入油锅中炸至外表金黄香酥，捞起沥干放在罗勒上，食用时蘸胡椒盐即可。

烟熏墨鱼

材料
墨鱼300克，盐1/2小匙，米酒1大匙

烟熏料
糖1大匙，面粉1大匙，红茶叶1大匙

做法
1. 墨鱼洗净，背部划十字刀；取一蒸盘，放上墨鱼和食盐、米酒拌匀，放入蒸锅中以大火蒸约6分钟至熟，取出备用。
2. 热一炒锅，在锅底放入所有烟熏材料，放上蒸架，接着将墨鱼放在蒸架上，转中火烟熏4～5分钟，取出后切片即可。

五味章鱼

材料
熟章鱼250克，葱丝适量，五味拌酱适量

做法
1. 将章鱼洗净切小块，放入沸水中氽烫约10秒钟。
2. 捞起放入冰水中冰镇片刻，然后取出和葱丝一起放入盘中，再搭配五味拌酱即可。

> **五味拌酱**
>
> **材料：** 五味酱3克，香菜1根(切碎)
>
> **做法：** 将所有材料混合均匀即可。

蛋酥卤白菜

材料
大白菜	400克
黑木耳	30克
胡萝卜	20克
鸡蛋	2个
蒜末	少许
葱段	15克
肉丝	80克
高汤	400毫升

调料
盐	1/2茶匙
糖	1/2匙
鸡精	少许
醋	少许
胡椒粉	少许
酱油	少许

腌料
盐	少许
淀粉	少许
米酒	少许

做法
1. 大白菜、黑木耳、胡萝卜均洗净后切片；将鸡蛋倒入碗中打散备用；肉丝加入腌料拌匀并腌制5分钟。
2. 热锅，加入适量色拉油，倒入打散的蛋液，以中火炸酥后，捞出沥油备用。
3. 将锅洗净，加入2大匙色拉油，先将蒜末、葱段爆香，再放入肉丝和大白菜片、黑木耳片、胡萝卜片拌炒后，加入高汤煮滚，放入蛋酥和所有调料，混合搅拌煮至入味即可。

鱿鱼螺肉蒜

材料
干鱿鱼150克，螺肉罐头1罐，蒜6瓣，蒜苗1根，高汤1500毫升

调料
盐1/2大匙，酱油1大匙，糖1大匙，米酒2大匙，白胡椒粉少许

做法
① 蒜苗分成蒜白和蒜尾；鱿鱼在表面划刀切花，放入盐水(浓度1%)中浸泡约30分钟，备用。
② 取一锅，将高汤倒入锅中煮滚后，放入蒜、鱿鱼、蒜白及螺肉汤汁，再放入其他调料及白胡椒粉，以小火慢慢煮滚，并将浮上来的杂质捞掉，10分钟后放入螺肉、蒜尾略煮一下即完成。

水煮鱿鱼

材料
水发鱿鱼1尾，新鲜罗勒3棵

调料
芥末酱油适量

做法
① 将水发鱿鱼切花刀，再切成小段。
② 将切好的鱿鱼段放入沸水中，汆烫过水后，拌入新鲜罗勒摆盘，食用时再搭配芥末酱油即可(不吃芥末者，可以改蘸沙茶酱)。

> **芥末酱油**
> **材料：** 芥末酱1小匙，酱油2大匙
> **做法：** 将所有材料混合均匀即可。

芦笋炒蛤蜊

材料

芦笋300克，蛤蜊300克，蒜片10克，葱段10克

调料

盐1/4小匙，鸡精少许，白胡椒粉少许，米酒1大匙，香油少许

做法

① 芦笋洗净切段；蛤蜊泡盐水吐沙后洗净。

② 热锅，倒入2大匙色拉油，放入蒜片、葱段爆香，放入芦笋段翻炒均匀，加入所有调料(香油除外)和蛤蜊，翻炒至蛤蜊打开后，淋上香油，熄火起锅即可。

关键提示
　　芦笋的根部纤维较粗，烹调前可以用削皮器削除尾端粗纤维，这样口感会比较好。市面上的芦笋有小根和大根之分，一般来说，大根的芦笋比较甘甜。

咸蚬仔

材料

蚬250克，咸酱油适量

做法

① 先将蚬放入盐水中静置，吐沙约3小时备用。

② 将蚬放入沸水中余烫约20秒钟，至微开即可捞起。

③ 将蚬和咸酱油混合均匀，浸泡约1天后即可食用。

咸酱油

材料： 蒜3瓣，姜7克，辣椒1个，酱油3大匙，糖1大匙，鸡精1小匙，香油1大匙，开水3大匙

做法： 1.蒜切片，姜切丝，辣椒切片备用。
　　　　2.将所有材料混匀拌匀即可。

蒜酥红薯叶

材料
红薯叶120克，蒜末30克，蒜酥10克

调料
酱油1大匙，糖1/2小匙，香油1大匙，水3大匙

做法
① 将红薯叶切段状，放入沸水中氽烫至熟，捞出盛盘，备用。
② 热一炒锅，加入少许色拉油，放入蒜末和蒜酥炒香，接着加入所有调料煮匀，将酱汁淋在红薯叶上即可。

麻油红菜

材料
红菜120克，姜丝20克

调料
胡麻油3大匙，盐1小匙，糖1/2小匙，米酒1/2小匙

做法
① 红菜择洗干净。
① 热一炒锅，加入胡麻油，接着放入姜丝炒香，再放入红菜与其他调料炒熟即可。

关键提示　炒以胡麻油为主味的菜时，火不能太大，这样麻油才不会有苦涩味。

麻油川七

材料
川七300克，姜丝15克，枸杞子少许

调料
盐少许，鸡精1/4小匙，米酒1大匙，胡麻油2大匙

做法
1. 川七洗净，沥干备用；取锅烧热，加入2大匙胡麻油，放入姜丝爆香。
2. 再放入川七，以大火快速拌炒几下后，加入泡软的枸杞子和其余所有调料炒匀即可。

韭香甜不辣

材料
韭菜花300克，甜不辣200克，蒜末2小匙，辣椒2个

调料
盐1小匙，鸡精1小匙，米酒1大匙，水100毫升

做法
1. 韭菜花洗净切成约5厘米长的段状；辣椒洗净切片，备用。
2. 甜不辣放入沸水中稍微氽烫一下后，捞出备用。
3. 热一锅，倒入适量色拉油，放入蒜末与辣椒片爆香后，放入韭菜花段、甜不辣炒至香味逸出。最后加入所有调料炒至略微收汁即可。

炒蒲瓜

📋 材料
蒲瓜350克，虾皮10克，蒜末20克

🧂 调料
盐1大匙，糖1小匙，米酒2大匙，水150毫升

🍳 做法
1. 蒲瓜洗净去皮后切条状，备用。
2. 热一炒锅，加入少许色拉油，放入虾皮、蒜末炒香，接着加入蒲瓜条与所有调料，转中小火焖至软即可。

关键提示 焖蒲瓜时，水分不要太多，这样蒲瓜特有的甜味才不会被稀释。

豆豉苦瓜

📋 材料
白苦瓜150克，豆豉20克，蒜末10克，姜片5克，红辣椒末5克

🧂 调料
酱油1大匙，糖1大匙，水300毫升

🍳 做法
1. 苦瓜洗净切块状，放入油温为140℃的油锅中略炸即捞出沥油，备用。
2. 热一炒锅，加入少许色拉油，放入豆豉、蒜末、红辣椒末、姜片、所有调料，接着放入苦瓜块焖卤10分钟即可。

关键提示 豆豉要和苦瓜一起卤到入味软烂。白苦瓜苦味较淡，颜色也不易变黄，口感和卖相俱佳。

辣椒萝卜干

材料
萝卜干200克，豆豉50克，红辣椒50克，蒜70克

调料
盐1/2小匙，糖3大匙

做法
1. 萝卜干以水冲洗干净，沥干水分后切碎，备用；豆豉以水略冲洗过，沥干水分；红辣椒及蒜洗净切碎，备用。
2. 热锅，放入萝卜干碎，以小火干炒约3分钟，待水分略干且散发出香味，盛出备用。
3. 锅中倒入4大匙色拉油烧热，放入豆豉及红辣椒碎、蒜末，以小火爆香，接着放入萝卜干碎，持续以小火炒约1分钟，最后加入盐、糖炒2分钟即可。

麻油小黄瓜

材料
小黄瓜2条，红辣椒1个，蒜2瓣

调料
盐1/2茶匙，糖1/2匙，白醋1茶匙，麻油1.5大匙

做法
1. 小黄瓜洗净去头尾，以刀身略拍打至稍裂后，切长条状备用；红辣椒洗净切粒；蒜洗净切末，备用。
2. 取深碗放入小黄瓜，抓盐(分量外)后，放入红辣椒圈、蒜末，倒入所有调料拌匀，放置30分钟至入味即可。

台式泡菜

材料
圆白菜900克，红辣椒25克，青辣椒25克

调料
盐1/2小匙，糖2大匙，白醋3大匙

做法
1. 圆白菜撕小片后洗净，撒入1/2大匙盐(分量外)静置30分钟后，揉除多余水分，用冷开水清洗一下备用；红辣椒、青辣椒均洗净切圈。
2. 圆白菜中加入所有调料、红辣椒以及青辣椒拌匀，放入冰箱冷藏一天即可。

蔬菜咖喱

🍲 材料
胡萝卜30克，白萝卜30克，土豆30克，洋葱10克，青椒10克

🥄 调料
咖喱粉1大匙，鸡精1/2小匙，盐1小匙，糖1/2小匙，水300毫升

📋 做法
1. 胡萝卜、白萝卜、土豆、洋葱均洗净去皮切块；青椒洗净去籽切片，备用。
2. 热锅，倒入少量色拉油，放入咖喱粉炒香，加入所有材料炒匀，再加入剩余其他调料炒至蔬菜熟即可。

蔬菜珍珠丸

🍲 材料
胡萝卜10克，青豆仁10克，猪肉馅100克，大米1/4杯

🥄 调料
盐1小匙，鸡精1/2小匙，白胡椒粉1/2小匙，香油1小匙

📋 做法
1. 胡萝卜去皮洗净切细丝；大米浸泡清水10分钟沥干，备用。
2. 猪肉馅拌入胡萝卜丝、青豆仁及所有调料，拌至有黏性。
3. 将猪肉分成数等份大小相同的肉丸子，蘸裹上大米，放入蒸锅中，以大火蒸约12分钟即可。

银芽木耳炒肉片

🍲 材料
火锅五花肉片100克，蒜2瓣，绿豆芽100克，韭菜30克，新鲜黑木耳2朵，鸡蛋1个

🥄 调料
酱油1小匙，盐1小匙，糖1/2小匙

📋 做法
1. 蒜去皮切片；绿豆芽洗净去头；韭菜洗净切段；鸡蛋打散成蛋液；新鲜黑木耳去蒂头洗净切丝，备用。
2. 取一炒锅，加少许色拉油加热，倒入蛋液先炒至八成熟后取出，放入火锅五花肉片煸熟，取出备用。
3. 原锅放入蒜片爆香，放入绿豆芽、韭菜段、黑木耳丝炒熟，再放入蛋片、五花肉片及所有调料炒匀即可。

干烧小鱼苦瓜

🍲 **材料**

苦瓜1/2个，姜片10克，辣椒1/2个（切末），葱1根，小鱼干100克，豆豉1小匙

🧂 **调料**

糖1小匙，酱油1小匙，醋1小匙，白胡椒粉少许，盐少许

🍳 **做法**

❶ 苦瓜洗净去籽、去果肉内层白膜，切大块状，放入沸水中略汆烫后捞起备用；葱洗净切段；小鱼干泡水洗净；豆豉泡水至软，备用。

❷ 热一油锅，放入豆豉、姜片、辣椒末、葱段以中火爆香，再加入苦瓜块和所有调料翻炒均匀，盖上锅盖焖煮至汤汁略收干即可。

关键提示 因为苦瓜不容易煮至完全熟透，所以烹调时可盖上锅盖略焖煮，这样苦瓜较易熟软入味。

苦瓜炒牛肉片

🍲 **材料**

火锅牛肉片100克，山苦瓜1个，蒜2瓣，咸蛋1个

🧂 **调料**

糖1/2小匙，盐1/2小匙，水1大匙

🍳 **做法**

❶ 蒜去皮切片；山苦瓜去籽去内皮白膜，洗净切小段；咸蛋去壳切碎。

❷ 取一锅，加水1000毫升煮沸，将山苦瓜段烫熟，捞出泡冷水后沥干备用。

❸ 取一炒锅，加少许色拉油加热，爆香蒜片，放入牛肉片炒至八成熟取出备用。

❹ 原锅中再加少许色拉油，放入咸蛋碎炒到冒泡后，放入山苦瓜、火锅牛肉片炒匀，再加入所有调料后拌匀即可。

菜脯蛋

材料

萝卜干80克，鸡蛋3个，葱段1根

调料

鸡精少许，糖1/2小匙，米酒1/4小匙，香油少许，淀粉1/4小匙

做法

① 萝卜干洗净后切细末；葱洗净并沥干水分后切细末，备用。

② 取一干净大碗，打入鸡蛋后，再放入萝卜干末、葱末及所有调料一起拌均匀。

③ 起一锅，待锅烧热后放入2大匙色拉油，再倒入蛋液煎至七成熟后，翻面煎至呈金黄色即可。

腌菜花心

材料

菜花心200克，蒜末15克，红辣椒末15克

调料

盐少许，糖1小匙

做法

① 先将菜花心洗净切成小朵。

② 将菜花心与1/2小匙盐(分量外)拌匀，腌制约1小时，揉出多余水分后用冷开水洗去盐分。

③ 加入蒜末、红辣椒末和盐、糖，拌匀腌至入味即可。

西红柿炒蛋

材料

西红柿1个，鸡蛋4个，葱段1根，蒜末2小匙

调料

盐1小匙，糖2小匙，鸡精1小匙，米酒1大匙，胡椒粉1小匙，水120毫升，水淀粉适量，香油适量

做法

① 西红柿洗净切丁；葱洗净切小段；鸡蛋打散成蛋液，备用。

② 热一锅，倒入适量色拉油，放入蒜末与葱段爆香后，放入蛋液炒至熟透。

③ 倒入西红柿丁，加入所有调料（香油和水淀粉除外）炒至汤汁沸腾，以水淀粉勾芡后，加入香油拌匀即可。

罗勒煎蛋

材料

鸡蛋3个，罗勒20克

调料

盐1小匙，白胡椒粉适量

做法

① 鸡蛋打散成蛋液；罗勒摘取叶片部分，洗净备用。

② 将罗勒叶拌入蛋液中，再加入所有调料拌匀。

③ 热锅，倒入适量色拉油，倒入蛋液以中小火煎至底部上色，再翻面煎上色即可。

麻婆豆腐

材料
老豆腐2块，肉馅80克，蒜末1/2茶匙，
高汤250毫升

调料
辣豆瓣酱1茶匙，辣油1茶匙，盐1/4茶匙，
糖1茶匙，酱油1/2茶匙，水淀粉1大匙

做法
① 老豆腐洗净擦干后，平均切成1.5厘米
×1.5厘米的方丁备用。
② 热锅，倒入适量色拉油，加入蒜末、辣豆
瓣酱以小火炒香，再放入肉馅拌炒至肉色
变白。
③ 加入高汤及除水淀粉外的所有调料拌匀，
再放入老豆腐丁，以小火煮约3分钟后，加
入水淀粉勾芡即可。

麻油荷包蛋

材料
鸡蛋3个，姜丝10克，葱段10克

调料
酱油膏1大匙，米酒3大匙，胡麻油2大匙

做法
① 热锅后加入胡麻油，放入鸡蛋煎成荷包蛋，
取出。
② 锅中留少许底油，放入姜丝、葱段爆香，再
放入荷包蛋，加入其余所有调料拌匀即可。

虾仁豆腐

🔖 材料
鸡蛋豆腐1盒，虾仁50克，胡萝卜10克，
甜豆荚50克，蒜末1/2茶匙，高汤200毫升

🍶 调料
辣豆瓣酱2茶匙，盐1/4茶匙，糖1/匙，
胡椒粉1/4茶匙，香油1/2茶匙，水淀粉1大匙

🍲 做法
1. 鸡蛋豆腐擦干，切成小块状，放入油温为160℃的油锅中，炸至金黄色后捞起沥油；虾仁汆烫沥干；胡萝卜洗净切花。
2. 热锅，加入少许色拉油，加入蒜末、辣豆瓣酱，以小火拌炒均匀，加入高汤、除水淀粉外的其余调料、甜豆荚、胡萝卜、鸡蛋豆腐及虾仁，以小火煮约3分钟，再加入水淀粉勾芡即可。

香酥炸豆腐

🔖 材料
老豆腐(厚)2块

🍶 调料
万用蘸酱适量

🍲 做法
1. 热油锅，以大火烧热至油温约180℃，放入老豆腐油炸，一边以锅铲轻推避免底部焦黑，至外表微酥，捞起沥干油，备用。
2. 将老豆腐切小块，再放入原油锅中，炸至老豆腐块呈金黄酥脆状，捞出沥干油，搭配万用蘸酱食用即可。

嫩煎黑胡椒豆腐

材料

老豆腐1块，葱适量，辣椒适量

调料

黑胡椒粉1/2小匙，盐1/2小匙

做法

❶ 老豆腐切厚片，抹上盐；葱洗净切丝；辣椒洗净切末，备用。

❷ 热锅，倒入少许色拉油，放入豆腐片，煎至表面金黄酥脆，撒上黑胡椒粉、葱丝与辣椒末，再稍煎一下即可。

老皮嫩肉

材料

鸡蛋豆腐400克，地瓜粉1/2大匙，面粉1/2大匙

调料

番茄酱1大匙，淀粉2大匙

做法

❶ 将地瓜粉、面粉、淀粉混合拌匀备用。

❷ 鸡蛋豆腐切成每个约50克的正方形块状，再均匀裹上做法1。

❸ 取锅，加入半锅油烧热至200℃，放入鸡蛋豆腐块炸至外观呈金黄色后，捞起沥油，食用时可蘸番茄酱增加口感。

宫保皮蛋

材料

皮蛋3个,葱花1/2大匙,干辣椒10克,地瓜粉1大匙,蒜味花生仁20克

调料

酱油1/2小匙，糖1/2小匙，米酒2大匙

做法

❶ 将每个皮蛋分切成6等份，再均匀裹上地瓜粉备用。

❷ 热一锅油至油温180℃，放入皮蛋炸酥。

❸ 另取锅，加入少许色拉油烧热，先放入干辣椒炒香，再加入调料、皮蛋、葱花和蒜味花生仁以大火拌炒均匀即可。

PART 2

用电饭锅
做家常菜

电饭锅的用途极广，不论是蒸、煮或炖补，只要准备好食材，轻轻一按开关，一顿丰盛的美味佳肴就出锅了。既省时方便，又不用担心料理会走味，而且还能够变化各种不同的风味。

芋香鸡腿

材料
鸡腿1只, 芋头200克, 玉米笋1根, 西蓝花100克

调料
鸡精1小匙, 酱油1小匙, 米酒1大匙, 盐少许, 白胡椒粉少许

做法
① 芋头削去皮后洗净, 切成小块状, 再放入油温约200℃的油锅中炸成金黄色备用; 鸡腿洗净切成大块状, 再放入沸水中氽烫过水, 捞起备用; 玉米笋洗净切成小段状; 西蓝花修成小朵状, 洗净备用。

② 取一盘, 将芋头块、鸡腿块、玉米笋段与所有的调料一起加入, 再用耐热保鲜膜将盘口封起来, 放入电饭锅中蒸约15分钟, 再把西蓝花加入, 蒸至开关跳起即可。

豉椒鸡片

材料
土鸡腿1只, 豆豉20克, 姜末5克, 蒜酥5克, 红辣椒末5克

调料
蚝油1大匙, 糖1小匙, 淀粉1/2小匙, 米酒1大匙, 香油1小匙

做法
① 土鸡腿洗净剁小块; 豆豉洗净切碎, 备用。

② 将土鸡腿块及豆豉碎、蒜酥、红辣椒末、姜末及所有调料一起拌匀后放入盘中。

③ 将盘子放入电饭锅, 盖上锅盖, 按下开关, 蒸至开关跳起即可。

照烧鸡腿

材料
无骨鸡腿2只, 鲜香菇5朵

调料
照烧酱2大匙, 米酒1杯

做法
① 无骨鸡腿洗净, 用纸巾吸干水分、切块; 鲜香菇洗净、备用。

② 取一锅, 烧热后放入少许色拉油, 加入无骨鸡腿块煎到两面焦黄, 倒掉多余的鸡油。

③ 将煎鸡腿、鲜香菇、照烧酱及米酒放入电饭锅中, 盖上锅盖蒸约15分钟, 待酱汁收干即可, 盛盘后以西芹碎(材料外)装饰。

绍兴醉鸡

📇 材料
土鸡腿550克，铝箔纸1张

🍶 调料
A：盐1/6小匙，当归3克
B：绍兴酒300毫升，水200毫升，枸杞子5克，
　　盐1/4小匙，鸡精1小匙

🍱 做法
① 土鸡腿去骨后在内侧均匀撒上盐，再用铝
　箔纸卷成圆筒状，开口卷紧，放入盘中。
② 电饭锅中放入蒸架，将鸡腿卷放入，盖上锅
　盖，按下开关，蒸至开关跳起，取出放凉。
③ 当归切小片，与所有调料B煮滚约10分钟，
　放凉成汤汁备用。
④ 将鸡腿撕去铝箔纸，浸泡入汤汁，冷藏一
　晚后切片即可。

盐焗鸡腿

📇 材料
去骨土鸡腿1只(约350克)，锡箔纸1段，
香菜末15克

🍶 腌料
盐1小匙，姜末1小匙，米酒1小匙

🍶 蘸酱
橘酱2大匙，蜂蜜适量，柠檬汁适量

🍱 做法
① 将去骨土鸡腿的末端腿骨切除，以花刀在
　鸡腿肉上划刀并断筋，抹上腌料腌制。
② 先将鸡腿肉卷起，再包卷上耐热保鲜膜，
　同时抓捏一下鸡腿肉。
③ 取锡箔纸再包卷起来，将两侧扭紧密封。
④ 电饭锅中放入鸡腿卷，盖上锅盖，蒸至开关跳
　起后取出放凉切片，入冰箱中冷藏。将所有蘸
　酱材料和香菜末调匀，即为盐焗鸡腿蘸酱。

栗子炖鸡

材料
栗子100克, 鸡肉块600克, 红枣12颗, 姜片10克

调料
酱油2大匙, 盐1/2小匙, 鸡精1/4小匙, 米酒1大匙, 水800毫升

做法
1. 将栗子泡水6小时、去外膜、氽烫, 捞出备用; 将鸡肉块氽烫后备用。
2. 取一电饭锅, 放入栗子及鸡肉块, 加入红枣、姜片、水及所有调料, 煮至电饭锅开关跳起, 再焖10分钟至软烂即可。

荷叶鸡

材料
土鸡肉450克, 荷叶150克, 葱花30克, 姜末30克

腌料
蒸肉粉90克, 酱油1大匙, 水60毫升, 米酒3大匙, 辣椒酱2大匙, 糖1大匙, 香油3大匙

做法
1. 土鸡肉洗净切成块状, 加入葱花、姜末和所有腌料拌匀备用。
2. 将土鸡肉块放入电饭锅, 盖上锅盖, 蒸约50分钟备用。
3. 荷叶泡水至软, 切成适当大小, 包入土鸡肉块, 卷成圆筒状, 重复此操作至食材用完。
4. 把包好的荷叶鸡再放入电饭锅, 盖上锅盖, 按下开关, 蒸约20分钟, 盛盘后以香菜叶(材料外)装饰。

笋子蒸鸡

📋 材料
土鸡腿300克，泡发香菇2朵，绿竹笋200克，姜末5克，辣椒1个

🥡 调料
糖1/4小匙，蚝油2大匙，淀粉1/2小匙，米酒1大匙，香油1小匙

🍳 做法
1. 土鸡腿洗净剁小块；绿竹笋削去外皮切小块；泡发香菇洗净切小块；辣椒洗净切片，备用。
2. 将鸡肉块、绿竹笋块、香菇块、辣椒片、姜末及所有调料一起拌匀后，放入盘中。
3. 将盘子放入电饭锅，按下开关，蒸至开关跳起即可。

辣酱冬瓜鸡

📋 材料
土鸡腿350克，冬瓜400克，姜丝10克

🥡 调料
辣椒酱2大匙，盐1/8小匙，米酒30毫升，糖1小匙

🍳 做法
1. 将土鸡腿洗净剁小块；冬瓜洗净去皮切小块，备用。
2. 将以上材料加入姜丝及所有调料拌匀后，放入碗中。
3. 将碗放入电饭锅中，盖上锅盖后，按下电饭锅开关，待开关跳起后，再焖约10分钟即可。

腐乳凤翅

材料
三节鸡翅600克，姜末10克，蒜末20克，
烫好的上海青适量

调料
A：蚝油1茶匙，红糟腐乳2块，糖1茶匙，
　　绍兴酒2大匙
B：水淀粉1茶匙，香油1茶匙

做法
❶ 三节鸡翅洗净沥干后对切，加入姜末、蒜
末及调料A拌匀，腌制约10分钟备用。
❷ 取一碗，将鸡翅排至碗中，淋入剩余酱汁，
再放入电饭锅，盖上锅盖，蒸至开关跳起，
将鸡翅取出倒扣至盘上，以汆烫后的上海青
装饰备用。
❸ 另取锅，加入5大匙汤汁煮滚，加入水淀粉
勾芡，洒上香油，淋至食材上即可。

粉蒸排骨

材料
排骨300克，蒜末20克，姜末10克，荷叶1张，
蒸肉粉3大匙

调料
A：辣椒酱1大匙，酒酿1大匙，甜面酱1茶匙，
　　糖1茶匙，水50毫升
B：香油1大匙

做法
❶ 排骨洗净沥干水分；荷叶放入沸水中烫
软，捞出洗净。
❷ 将排骨及姜末、蒜末与所有调料A一起拌
匀，腌制约5分钟，然后加入蒸肉粉拌匀，
洒上香油。将荷叶摊开，放入排骨，再将
荷叶包起，放至盘上。
❸ 将食材放入电饭锅内，盖上锅盖，按下开
关，蒸约30分钟后取出，盛盘后打开荷
叶，以香菜(材料外)装饰即可。

绍兴猪蹄

材料
猪蹄300克，葱段40克，姜片40克

调料
盐1/2小匙，糖1/2小匙，水150毫升，绍兴酒100毫升

做法
1. 将猪蹄洗净剁小块，放入沸水中汆烫约2分钟后，放入电饭锅中备用；葱段、姜片及所有调料加入锅中，盖上锅盖，按下开关。
2. 待电饭锅开关跳起，焖约20分钟后，外锅加1杯水再蒸一次，开关跳起后焖约20分钟即可。

苦瓜蒸肉块

材料
五花肉250克，苦瓜1/3根，梅干菜50克

调料
酱油1小匙，糖1小匙，盐少许，白胡椒粉少许，香油1小匙

做法
1. 将五花肉切洗净成块状，放入沸水中汆烫，去除血水后捞起备用；苦瓜洗净后，去籽切成块状；梅干菜泡入水中去除咸味，再切成段状备用。
2. 取一个圆盘，将五花肉、苦瓜、梅干菜与所有调料一起加入，然后用耐热保鲜膜将盘口封起来，再放入电饭锅中，蒸至开关跳起即可。

咸冬瓜肉饼

材料
猪肉馅350克，蒜3瓣，红辣椒1/3个，香菜1棵

调料
咸冬瓜酱适量，淀粉1大匙

做法
1. 将蒜、红辣椒、香菜洗净后，切成碎状备用。
2. 取一个容器，放入淀粉、猪肉馅，再加入蒜末、辣椒末、香菜末和咸冬瓜酱搅拌均匀。
3. 将肉馅捏成圆饼状，放入盘中，用耐热保鲜膜将盘口封起来，再放入电饭锅，盖上锅盖，按下开关，蒸约15分钟至开关跳起，盛盘后加上葱丝、红辣椒丝及香菜(皆材料外)装饰即可。

无锡排骨

材料
猪小排500克，葱段20克，烫好的芥蓝300克，姜25克，红曲米1/2茶匙

调料
A：酱油100毫升，糖3大匙，米酒2大匙，水300毫升
B：水淀粉1茶匙，香油1茶匙

做法
1. 猪小排洗净剁成长约8厘米长的小块；姜洗净拍松，备用。
2. 取一内锅，放入葱段、姜、猪小排块、水、红曲米及其余调料A，再放入电饭锅，盖上锅盖，按下开关，蒸至开关跳起。
3. 打开电饭锅锅盖，挑去葱段及姜，将猪小排块盛盘(留下汤汁备用)，以余烫后的芥蓝盘饰。另取锅加入5大匙汤汁煮滚，加入水淀粉勾芡，洒上香油，淋至食材上即可。

富贵酱方

材料
五花肉400克，葱30克，姜20克，熟西蓝花200克

调料
水600毫升，酱油200毫升，糖5大匙，香油1茶匙，绍兴酒2大匙，水淀粉1大匙

做法
1. 五花肉洗净修成整齐的方形备用；葱洗净切小段；姜洗净拍松。将葱段、姜、五花肉放入内锅，加入水、酱油、糖及绍兴酒，盖上锅盖，按下开关，蒸至开关跳起后焖约20分钟。
2. 打开锅盖，外锅再加1杯水(材料外)，按下开关，再次蒸至开关跳起，开盖挑去葱段及姜，将五花肉盛盘(留下汤汁备用)，以余烫好的西蓝花装饰。
3. 另取锅加入5大匙汤汁煮滚，加入水淀粉勾芡，洒上香油，淋至食材上即可。

破布籽排骨

材料
排骨300克，破布籽3大匙，蒜末20克，红辣椒末20克

调料
酱油1茶匙，糖1茶匙，淀粉1大匙，水20毫升，米酒1大匙，香油1大匙

做法
❶ 排骨切块，冲水洗去血水，捞起沥干备用。

❷ 将排骨块加入蒜末、红辣椒末、酱油、糖、淀粉、水及米酒，拌至水分被吸收。

❸ 加入香油拌匀后装盘，将破布籽淋至排骨上，再放入电饭锅，盖上锅盖，按下开关，蒸至开关跳起即可。

富贵猪蹄

材料
猪蹄1只，水煮蛋6个，葱段1根，姜片20克

调料
酱油1杯，糖2大匙，水6杯

做法
❶ 猪蹄切块，以热水冲洗净；葱洗净切段；姜洗净切片；水煮蛋剥壳。

❷ 电饭锅内洗净，按下开关加热，锅热后直接放入少许色拉油，加入猪蹄煎到皮略焦黄。

❸ 将葱段、姜片、酱油、糖、水及水煮蛋放入后，盖上锅盖，按下开关，卤约40分钟后开盖，取出盛盘即可。

红曲猪蹄

材料
猪蹄650克，葱段40克，蒜30克，姜片30克，卤包1个，红曲米20克

调料
盐45克，糖30克，水900毫升，米酒100毫升

做法
❶ 猪蹄洗净、切成块状，放入沸水中汆烫，再入锅爆炒后备用。

❷ 将电饭锅内洗净，加入少许色拉油，放入葱段、蒜及姜片炒香，加入猪蹄块、红曲米、卤包及所有调料拌匀，盖上锅盖，按下开关，蒸约50分钟，盛盘后以香菜(材料外)装饰。

香卤牛腱

🐟 材料
牛腱1个，卤包1个，葱段1根，姜20克

🧂 调料
酱油1/2杯，糖2大匙，水4杯

🍳 做法
❶ 牛腱用热开水氽烫清洗;葱洗净切段;姜洗净切片,备用。

❷ 取电饭锅，放入牛腱及其他材料和调料，盖上锅盖后按下启动开关。

❸ 待开关跳起，焖20分钟后再将牛腱取出，放凉切片摆盘，上桌前淋上少许卤汁即可食用。

菠萝子排

🐟 材料
子排200克，罐头菠萝230克，玉米笋段50克，香菇片20克，蒜片15克

🧂 调料
黄豆酱适量

🍳 做法
❶ 将子排洗净剁成小块，放入沸水中氽烫去血水后捞起备用;菠萝罐头留果肉备用。

❷ 取一盘，加入子排块、玉米笋段、香菇片、蒜片、菠萝果肉，再放入黄豆酱。

❸ 用耐热保鲜膜将盘口封起来，再放入电饭锅中，盖上锅盖，按下开关，蒸约20分钟至熟，取出后以香菜末(材料外)装饰即可。

香炖牛肉

🐟 材料
牛腱800克，白萝卜100克，洋葱80克，辣椒2个，姜片30克，葱段50克，卤包1个，水500毫升

🧂 调料
酱油150毫升，米酒50毫升，糖1.5大匙

🍳 做法
❶ 牛腱切成厚约1厘米的小块，用开水氽烫约1分钟后洗净沥干;白萝卜去皮洗净切小块;洋葱洗净切小块;辣椒洗净切片，备用。

❷ 将以上所有材料一起放入电饭锅中，加入姜片和所有调料、水及卤包，盖上锅盖，按下开关，待开关跳起后打开锅盖，取出装碗即可。

南瓜蒸排骨

材料
排骨200克，南瓜200克，蒜末10克

调料
盐1/3小匙，糖1小匙，水4大匙，米酒1大匙，香油1小匙

做法
1. 排骨洗净剁小块；南瓜洗净去皮去籽后切小块，备用。
2. 将排骨块及南瓜块、蒜末及所有调料一起拌匀后放入盘中。
3. 将盘放入电饭锅中，按下开关，蒸至开关跳起后即可。

土豆炖肉

材料
梅花肉300克，土豆180克，胡萝卜100克，红辣椒2个，姜片20克，水200毫升

调料
酱油5大匙，米酒2大匙，糖1大匙

做法
1. 梅花肉洗净切块；土豆、胡萝卜洗净去皮切块；红辣椒洗净对切成片，备用。
2. 取电饭锅内锅，依序放入土豆块、胡萝卜块、梅花肉块，再放入姜片、红辣椒片及所有调料后，加入水。
3. 将电饭锅盖上锅盖，蒸至开关跳起即可。

红烧蹄筋

材料
泡发蹄筋160克，草菇30克，甜豆10克，胡萝卜10克，姜30克，葱10克

调料
蚝油1大匙，糖1/2小匙，鸡精1小匙，米酒1大匙，水淀粉少许，香油少许，水50毫升

做法
❶ 泡发蹄筋、草菇洗净；甜豆去粗丝；胡萝卜洗净去皮切片；姜洗净切片；葱洗净切段。

❷ 电饭锅按下开关加热，加入少许色拉油，放入葱段、姜片炒出香气，再加入胡萝卜片、甜豆、草菇、蹄筋炒匀，盖上锅盖焖约2分钟。

❸ 加入蚝油、糖、鸡精、米酒调味，加入50毫升水炒匀，盖上锅盖焖2~3分钟，最后以少许水淀粉勾薄芡，起锅前淋上少许香油提味即可。

蔬菜牛肉卷

材料
牛肉片120克，绿豆芽40克，红甜椒丝20克，黄甜椒丝20克，胡萝卜丝20克，姜丝10克

调料
盐1小匙，黑胡椒粉1/2小匙，香油1大匙，米酒1小匙

做法
❶ 将牛肉片包入绿豆芽、红甜椒丝、黄甜椒丝、胡萝卜丝及姜丝，卷成圆筒状。

❷ 在牛肉卷上撒上盐、黑胡椒粉、香油及米酒。

❸ 取一内锅，放入牛肉卷，再放入电饭锅，加适量清水，按下开关，蒸约8分钟，盛盘后以芹菜碎(材料外)装饰。

咸蛋蒸肉饼

🦪 材料
咸蛋2个，猪肉馅300克，蒜末10克，姜末5克，葱末10克，辣椒末5克

🍶 调料
酱油1/2大匙，糖1/4小匙，米酒1大匙，水2大匙

🍲 做法
1. 取一颗咸蛋黄切片，其余咸蛋切碎，备用。
2. 猪肉馅加入所有调料拌匀，再加入咸蛋碎、姜末以及蒜末，搅拌至猪肉馅带黏性，铺入蒸盘中轻轻压平，摆上咸蛋黄片，移入电饭锅中，蒸至开关跳起，取出撒上葱末和辣椒末即可。

珍珠丸子

🦪 材料
长糯米100克，蒜3瓣，辣椒1/3个，熟西蓝花1棵，猪肉馅250克

🍶 调料
香油1小匙，淀粉少许，盐少许，白胡椒少许，蛋清30克

🍲 做法
1. 蒜与辣椒都洗净切碎，加入猪肉馅与所有调料搅拌均匀，捏成一口大小的丸子备用。
2. 将长糯米泡冷水1小时，捞起摊在盘子中，将肉丸子放在长糯米上面，均匀蘸裹上长糯米。
3. 将丸子放入盘中，直接放入电饭锅中，不要包覆保鲜膜，蒸约15分钟取出，放上烫熟的西蓝花即可。

土豆咖喱牛肉

材料
土豆(约150克)1个，胡萝卜(约150克)1根，
洋葱50克，牛杂肉300克，咖喱块3小块

做法
❶ 土豆、胡萝卜洗净去皮切块；洋葱洗净切
片；牛杂肉用热水冲过，备用。

❷ 将所有材料放入锅中，加入盖过材料的水
量，盖上锅盖、按下开关，待开关跳起，
将咖喱块用少量热水融开，再加入锅中搅
拌均匀。

❸ 盖上锅盖、按下开关，待开关再次跳起，
取出后以芹菜碎(材料外)装饰即可。

酒香牛肉

材料
牛肋条600克，竹笋200克，姜片40克，红辣椒2个，
蒜片40克，葱段2根

调料
黄酒400毫升，水200毫升，盐1茶匙，糖1大匙

做法
❶ 牛肋条洗净切小块；竹笋洗净后切块；红
辣椒及葱洗净切长段，备用。

❷ 将以上食材及姜片、蒜片放入内锅，加入
所有调料，再放入电饭锅，盖上锅盖，按
下开关，蒸至开关跳起即可。

剁椒蒸鱼

🐟 **材料**
鱼1尾(约400克)，蒜末20克，剁辣椒3大匙，葱花20克

🫙 **调料**
糖1/4茶匙，米酒1茶匙

🍴 **做法**
① 鱼洗净后切块，放入盘中，将剁辣椒、蒜末、糖及米酒拌匀，再淋至鱼上。
② 将鱼放入电饭锅，盖上锅盖，按下开关，蒸至开关跳起，取出后撒上葱花即可。

红辣椒蒸鱼

🐟 **材料**
鲜鱼1尾(约160克)，葱段10克，姜丝1.5克，红辣椒条20克

🫙 **调料**
酱油1大匙，糖1/2茶匙，水2大匙，米酒1茶匙，淀粉1/6茶匙，香油1茶匙

🍴 **做法**
① 鲜鱼洗净后，在鱼身两侧各划2刀，深划至骨头处但不切断，置于盘中备用。
② 将葱段、红辣椒条、姜丝铺在鲜鱼上，再将所有调料调匀后，淋至鲜鱼上。
③ 将食材放入电饭锅中，盖上锅盖，按下开关，蒸至开关跳起后取出即可。

清蒸鳕鱼

🐟 **材料**
鳕鱼1片(约200克)，葱段1根(切丝)，姜丝5克，红辣椒1/3个（切丝），蒜2瓣（切片）

🫙 **调料**
米酒2大匙，盐少许，白胡椒少许，蚝油1小匙，香油1大匙

🍴 **做法**
① 将鳕鱼洗净，再用餐巾纸吸干，放入盘中；取容器，加入所有的调料(除香油外)一起轻轻搅拌均匀，淋在鳕鱼上。
② 将葱丝、红辣椒丝、姜丝和蒜片放在鳕鱼上，盖上保鲜膜，放入电饭锅中，加水蒸至开关跳起后取出，再淋上香油即可。

冬瓜鲜鱼夹

📋 材料
冬瓜300克，潮鲷片(罗非鱼片)200克，香菜2棵，红辣椒1个（切丝），高汤100毫升

🫕 调料
盐1/4茶匙，白胡椒粉1/4茶匙，淀粉1茶匙，麻油少许，蛋清30克，水淀粉适量

🍳 做法
1. 冬瓜洗净去皮切成四方形厚片，瓜肉中切一刀后，放入沸水中汆烫约2分钟；潮鲷片切成小片，与盐、白胡椒粉、1/2蛋清和1茶匙淀粉拌匀，腌制约15分钟。
2. 将腌好的潮鲷片慢慢镶入冬瓜片中，排在蒸盘上，倒入高汤后再放入电饭锅内，蒸至电饭锅开关跳起即可取出。
3. 将蒸汁倒出煮滚，以水淀粉勾薄芡，再打入剩余蛋清成蛋白芡，加入麻油拌匀，淋至材料上，再以香菜叶、红辣椒丝装饰即可。

枸杞蒸鲜虾

📋 材料
草虾200克，姜10克，蒜3瓣，枸杞子1大匙，葱段1根

🫕 调料
米酒2大匙，盐少许，白胡椒粉少许，香油1小匙

🍳 做法
1. 先将草虾洗净，以剪刀剪去脚与须，再于背部划刀，去沙肠备用；把姜洗净切成丝状；蒜切片；葱洗净切碎；枸杞子泡入水中至软备用。
2. 取一容器，放入姜丝、蒜末、葱碎、枸杞子和所有调料，搅拌均匀备用。
3. 取一个圆盘，将草虾排整齐，再加入所有材料，用耐热保鲜膜将盘口封起来。
4. 将盘子放入电饭锅中，蒸约12分钟即可。

酒酿蒸鱼

材料
鲈鱼1尾（约500克），水300毫升，姜末10克

调料
酒酿4大匙，黄豆酱3大匙，绍兴酒20毫升

做法
1. 鲈鱼洗净沥干，煮一锅水，水滚后将洗过的鲈鱼下锅汆烫约5秒钟，取出泡水洗净沥干，放入电饭锅，加入水、姜末及所有调料。
2. 盖上锅盖，按下开关，待开关跳起后取出即可。

蒜泥蒸虾

材料
草虾12只，蒜末40克，葱花10克

调料
A：酱油2大匙，胡椒粉1/4茶匙，糖1茶匙，料酒2大匙
B：香油1茶匙

做法
1. 草虾剪去头须及脚，挑去肠泥，从头部对剖至尾部不切断，摊开排齐在蒸盘上。
2. 蒜末加入调料A拌匀淋入草虾，放入电饭锅中蒸约3分钟至熟后取出，最后淋上香油、撒上葱花即可。

柠檬虾

材料
白甜虾200克，红辣椒3个，青辣椒2个，蒜10克，葱花20克

调料
柠檬汁2大匙，白醋1大匙，鱼露1大匙，糖1/4茶匙

做法
1. 白甜虾洗净，去虾线、沥干，放至盘中备用。
2. 红辣椒、青辣椒及蒜洗净切碎，与所有调料拌匀成酱汁，淋至白甜虾上，再放入电饭锅，盖上锅盖，按下开关，蒸至开关跳起，取出后撒上葱花及香菜(材料外)即可。

葱油鲈鱼

材料
鲈鱼1尾(约700克)，葱段4根，姜30克，红辣椒1个（切丝）

调料
A：蚝油1大匙，酱油2大匙，水50毫升，白胡椒粉1/6茶匙，
　　糖1大匙
B：米酒1大匙，色拉油50毫升

做法
1. 鲈鱼洗净，从背鳍处划刀，由鱼头纵切至鱼尾，深至鱼骨，将切口处向下置于盘中。
2. 将2根葱切段后拍破、10克姜切片，铺至鱼身，洒上米酒，再放入电饭锅，盖上锅盖，按下开关，蒸至开关跳起，取出蒸好的鲈鱼；将另2根葱切丝、剩余20克姜切丝，与红辣椒丝一起铺至鲈鱼上备用。
3. 另热锅加入50毫升色拉油，烧热后淋至葱丝、姜丝及红辣椒丝上，原锅加入调料A煮开，再淋至鲈鱼上即可。

双椒鲑鱼头

材料
鲑鱼头1个(约650克)，剁椒酱40克，蒜末20克，
青辣椒末40克

调料
盐1小匙，米酒1大匙，香油1大匙

做法
1. 鲑鱼头洗净，一半铺上剁椒酱，另一半铺上青辣椒末及蒜末，然后在鲑鱼头上均匀撒上所有调料。
2. 取一内锅，放入鲑鱼头，再放入电饭锅，盖上锅盖，按下开关，蒸约15分钟即可。

蒜味黄鱼

材料
黄鱼 1尾(约380克)，蒜片40克，红辣椒末5克，
葱花10克

调料
盐1大匙，酱油1小匙，米酒2大匙，色拉油2大匙，
胡椒粉1/2小匙

做法
1. 黄鱼洗净，去除鳞、鳃及内脏备用，铺上蒜片及红辣椒末，再均匀撒上所有调料。
2. 取一内锅，放入黄鱼，再放入电饭锅，盖上锅盖，按下开关，蒸约10分钟，盛盘后摆上葱花。

鲜虾香菇盒

材料
干香菇10朵，淀粉少许，虾仁150克，葱末5克，姜末5克，白果10颗，枸杞子10粒

调料
盐1小匙，糖1/2小匙，水30毫升，水淀粉1大匙，香油1小匙

腌料
盐1/2小匙，胡椒粉1/4小匙，香油1小匙，淀粉1小匙

做法
1. 干香菇用水泡软，洗净去蒂，抹上淀粉备用。
2. 虾仁洗净，剁成泥状，加入葱末、姜末及所有腌料腌制约5分钟，依序填入香菇中，并以白果及枸杞子点缀。
3. 取一内锅，放入食材，再放入电饭锅，盖上锅盖，按下开关，蒸约8分钟，盛入铺以烫熟的上海青(材料外)的盘中备用。
4. 所有调料煮滚成为芡汁，淋至食材上即可。

豉汁蒸小墨鱼

材料
小墨鱼6尾，红辣椒1/3个，蒜2瓣，豆豉酱适量

做法
1. 先将小墨鱼去头、去内脏，洗净备用；红辣椒、蒜都洗净切末状备用。
2. 取一个圆盘，把小墨鱼放入圆盘中，再放上红辣椒末、蒜末与豆豉酱。
3. 用耐热保鲜膜将盘口封起来，放置电饭锅中，蒸约10分钟至熟即可。

> **豆豉酱**
>
> **材料**：豆豉2大匙，米酒1大匙，酱油1小匙，香油1小匙，糖1小匙，盐少许，白胡椒粉少许，红辣椒1个(切末)，葱1根(切葱花)
>
> **做法**：将豆豉泡入冷水中约15分钟后，捞起切成碎状。取一容器，将豆豉与所有的材料一起加入，搅拌均匀即可。

鱼香乌贼

📋 材料
乌贼250克，葱末20克，姜末10克，蒜末10克

🧂 调料
辣椒酱1大匙，酱油1小匙，米酒1大匙，糖1小匙，水50毫升，水淀粉1大匙，香油1大匙

🍲 做法
❶ 乌贼洗净，切成圈状备用。

❷ 油锅烧热，加入葱末、姜末及蒜末炒香，再加入所有调料煮滚，成为芡汁，淋至乌贼圈上。

❸ 取一内锅，放入食材，再放入电饭锅，盖上锅盖，按下开关，蒸约7分钟，盛盘后以罗勒叶(材料外)装饰即可。

白果西蓝花

📋 材料
西蓝花450克，白果100克，鲟味棒3只

🧂 调料
盐1小匙，糖1/2小匙，水300毫升，香油1小匙，水淀粉1大匙

🍲 做法
❶ 白果以沸水氽烫；西蓝花去除蒂头、削皮后切块；鲟味棒切碎，备用。

❷ 取一内锅，放入所有食材，再放入电饭锅，盖上锅盖，按下开关，蒸约9分钟备用。

❸ 另取锅，加入所有调料煮滚，成为芡汁，淋至食材上即可。

豆酱墨鱼

📋 材料
墨鱼150克，姜末20克，葱丝10克，红辣椒丝10克

🧂 调料
豆酱20克，米酒1大匙，糖1小匙，水30毫升

🍲 做法
❶ 墨鱼洗净，以十字划数刀，切成片状备用。

❷ 将姜末及所有调料调匀，淋至墨鱼片上。

❸ 取一内锅，放入食材，再放入电饭锅，盖上锅盖，按下开关，蒸约12分钟，盛盘后摆上葱丝及红辣椒丝即可。

蛤蜊狮子头

材料

A:

猪肉馅	300克
荸荠碎	50克
姜末	10克
葱末	10克
鸡蛋	1个

B:

大蛤蜊	600克
鸡高汤	200毫升

调料

A:

盐	1/2茶匙
水	50毫升
白胡椒粉	1/2茶匙
糖	1茶匙
酱油	1茶匙
米酒	1大匙
香油	1茶匙

B:

盐	1/4茶匙
米酒	1茶匙

做法

1. 蛤蜊汆烫约20秒后用水冲凉，挑出较大的10颗，剥开后留下有肉的一边壳，将肉的水分略挤干；其余的蛤蜊将肉取出，略剁几刀成碎粒备用。

2. 肉馅加入盐，搅拌至有黏性，加入糖及鸡蛋拌匀，将50毫升水分2次加入，一面加水一面搅拌至水分完全吸收。

3. 加入荸荠碎、碎蛤蜊肉、葱末、姜末及其余调料A，拌匀后将肉馅分成10份，镶入带肉的蛤蜊壳中，表面抹平备用。

4. 将蛤蜊狮子头放入内锅，加入鸡高汤、调料B，再放入电饭锅中，盖上锅盖，按下开关，蒸至开关跳起，盛盘后以汆烫过的上海青及红辣椒丝(皆材料外)装饰即可。

蛤蜊蒸菇

材料
蟹味菇100克,金针菇50克,蛤蜊150克,姜丝5克,奶油丁10克,细黑胡椒粒少许

调料
米酒1大匙，鸡精少许，盐少许

做法
1. 蟹味菇、金针菇、蛤蜊洗净，放入有深度的容器中，加入姜丝、奶油丁和调料。
2. 取电饭锅，加适量水，按下开关至产生蒸汽，再放入容器蒸至熟。
3. 取出撒上细黑胡椒粒即可。

蟹丝白菜

材料
大白菜1/2棵,姜丝8克,鲜香菇丝20克,蟹腿肉50克,高汤50毫升

调料
盐1/4茶匙，糖1/4茶匙，绍兴酒1大匙

做法
1. 大白菜洗净，将菜梗直切6刀(不切开)；所有调料混合拌匀，备用。
2. 将大白菜放入盘中，依序铺上姜丝、鲜香菇丝及蟹腿肉，淋上调料和高汤，再放入电饭锅中，盖上锅盖，按下开关，蒸至开关跳起，取出后撒上红辣椒丝(材料外)即可。

丁香蒸苦瓜

材料
苦瓜1条(约350克),丁香小鱼干10克,破布籽25克,破布籽汤汁20克

调料
糖少许，米酒少许，盐少许

做法
1. 苦瓜洗净去籽、切大块，放入沸水中氽烫后捞出。
2. 将苦瓜块放入盘中，加入破布籽、破布籽汤汁、丁香小鱼干、所有调料拌匀。
3. 将材料连同盘子放入电饭锅中，按下开关，蒸至开关跳起即可。

丝瓜虾仁

📨 材料
虾仁100克，丝瓜1条，姜丝10克

🍶 调料
A：盐1/4小匙，糖1/2小匙，米酒1小匙，水1大匙
B：香油1小匙

🍲 做法
❶ 丝瓜用刀刮去表面粗皮，洗净后对剖成4瓣，切去带籽部分后，切成小段，排放在盘上；虾仁洗净，备用。

❷ 将虾仁摆在丝瓜上，再将姜丝排放于虾仁上，将调料A调匀淋上后，用保鲜膜封好。

❸ 电饭锅放入蒸架后，将虾放至架上，盖上锅盖，按下开关，蒸至开关跳起，取出后淋上香油即可。

椰汁土豆

📨 材料
鸡腿肉150克，土豆200克，胡萝卜50克，洋葱50克

🍶 调料
椰汁150毫升，水50毫升，盐1/2小匙，糖1小匙，辣椒粉1/2小匙

🍲 做法
❶ 将土豆、胡萝卜及洋葱去皮洗净后切块；鸡腿肉切小块，放入沸水中汆烫约1分钟后洗净，与土豆、胡萝卜及洋葱块一起放入电饭锅中。

❷ 于锅中加入所有调料。

❸ 将电饭锅盖上锅盖，按下开关，待开关跳起，焖约20分钟后取出拌匀，以芹菜碎(材料外)装饰即可。

青木瓜炖凤爪

📨 材料
青木瓜600克，黄豆50克，凤爪200克，姜片10克

🍶 调料
盐1小匙，鸡精少许，米酒1大匙，热水1800毫升

🍲 做法
❶ 黄豆洗净，泡水6小时；青木瓜洗净、去皮去籽，切块状。

❷ 凤爪洗净，放入沸水中汆烫2分钟后，捞出洗净。

❸ 取电饭锅，放入黄豆、青木瓜块、凤爪、姜片后，再加入热水，盖上锅盖、按下开关、炖煮至开关跳起，再焖10分钟，最后加入其余所有调料拌匀即可。

蟹黄凤尾豆腐

🍲 材料
豆腐1盒，草虾6尾，胡萝卜泥5克

🧂 调料
盐1小匙，糖1/2小匙，水150毫升，香油1小匙，水淀粉1大匙

🍳 做法
❶ 将豆腐切成厚片状，每片的中央挖一小洞备用。

❷ 草虾洗净汆烫后去头及壳，留下虾尾，依序将头部插入豆腐上，放入内锅，再放入电饭锅，盖上锅盖，按下开关，蒸约3分钟，盛入以烫熟的西蓝花(材料外)装饰的盘中备用。

❸ 另取锅，加入胡萝卜泥及所有调料煮滚，成为芡汁，淋至食材上即可。

百花豆腐肉

🍲 材料
老豆腐1块(约250克)，猪肉馅100克，姜末20克，咸蛋黄粒150克，葱花20克

🧂 调料
盐1/2茶匙，酱油2大匙，糖2茶匙，淀粉2大匙，蛋清2大匙

🍳 做法
❶ 豆腐汆烫，沥干水分后压成泥。

❷ 猪肉馅加盐搅拌至有黏性，加入酱油、糖及蛋清拌匀，再加入姜末、葱花、淀粉、豆腐泥及咸蛋黄混合拌匀备用。

❸ 取一碗，碗内抹少许色拉油，将食材放入碗中抹平，再放入电饭锅，盖上锅盖，按下开关，蒸至开关跳起，取出后倒扣至盘中，撒上葱花并以汆烫后的西蓝花(皆材料外)装饰即可。

咸冬瓜豆腐

🍲 材料
老豆腐200克，肉丝60克，葱丝10克，红辣椒丝适量

🧂 调料
咸冬瓜酱100克，酱油膏1小匙，糖1/2小匙，米酒1小匙

🍳 做法
❶ 老豆腐切小方块后，放入沸水中汆烫约10秒后沥干装盘；所有调料拌匀成酱汁，备用。

❷ 肉丝与葱丝摆放至老豆腐块上，淋入酱汁。

❸ 将盘子放入电饭锅中，盖上锅盖，按下开关，蒸至开关跳起，放上红辣椒丝即可。

中式蒸蛋

材料
鸡蛋3个，蛤蜊4个，去壳草虾1尾

调料
盐1茶匙，料酒1大匙，水400毫升

做法
① 鸡蛋打散成蛋液，加入所有调料，倒入滤网过筛，再倒入容器中，盖上保鲜膜，放入电饭锅中，蒸约14分钟至熟。
② 蛤蜊及去壳草虾洗净，放入沸水中煮熟后捞起备用。
③ 取出电饭锅里的蒸蛋，放上蛤蜊及剥壳草虾即可。

枸杞蛤蜊蒸蛋

材料
蛤蜊150克，枸杞子适量，鸡蛋3个，葱丝少许

调料
盐少许，鸡精少许，米酒1/2大匙，白胡椒粉少许，水250毫升

做法
① 鸡蛋打散过筛；枸杞子洗净；蛤蜊泡水吐沙洗净，放入沸水中氽烫约20秒后，取出冲水沥干。
② 在蛋液中加入所有调料拌匀，倒入容器中，放入枸杞子、蛤蜊，并盖上保鲜膜。
③ 将容器放入电饭锅中，蒸至开关跳起，加入葱丝即可。

鲜虾洋葱蒸蛋

材料
洋葱丁100克,鲜虾3尾,胡萝卜丁60克,玉米粒40克,鸡蛋2个

调料
水60毫升,鸡精适量,盐适量,白胡椒粉适量

做法
❶ 鲜虾剥去头身,1尾切丁,留2尾完整的虾,备用;热油锅内放入洋葱丁以中火炒至香气逸出后,盛起备用;将胡萝卜丁和2尾完整鲜虾分别放入沸水中氽烫后捞出,备用。

❷ 鸡蛋打成蛋液,加入水及所有调料拌匀,再加入虾丁、洋葱丁、胡萝卜丁及玉米粒拌匀后,等份倒入两个碗里。

❸ 将碗用保鲜膜封好,再以牙签戳几个洞,放入电饭锅中,加水并锅上锅盖,按下开关,待开关跳起后取出,各放上2尾虾装饰即可。

翡翠蒸蛋

材料
鸡蛋3个,蛤蜊6个,上海青末50克,胡萝卜末10克

调料
A:水500毫升,盐1小匙
B:盐1小匙,水适量,水淀粉2大匙,香油1大匙

做法
❶ 将鸡蛋打散,加入调料A拌匀,过筛后放入容器中,加入蛤蜊,再放入电饭锅,盖上锅盖,按下开关,蒸约15分钟备用。

❷ 另取锅,加入上海青末、胡萝卜末和所有调料B煮滚,成为芡汁,淋至食材上即可。

三色蛋

材料
皮蛋2个,咸蛋2个,鸡蛋4个,保鲜膜1个,长形模型1个,蛋黄酱适量

做法
❶ 皮蛋、咸蛋去壳切小丁状;鸡蛋打散成蛋液,备用。

❷ 准备一个长形模型,铺上保鲜膜,将皮蛋丁、咸蛋丁均匀放入模型,再将蛋液倒入模型。

❸ 将模型放入电饭锅中,按下开关蒸至开关跳起,取出模型待冷却后切片,挤上蛋黄酱即可。

PART 3

10分钟
快速家常菜

上班族为了赶时间，常常在外吃快餐，吃得很随意，长期如此对健康很不利。其实自己动手做菜没有想象中麻烦，也不需要大费周章，只要掌握技巧，不出10分钟就能做出一道健康美味的菜肴，赶快来试试吧！

宫保鸡丁

📋 材料
鸡胸肉120克，葱段1根，蒜3瓣，干辣椒段10克，花椒少许，蒜味花生仁10克

🍶 调料
A：酱油1大匙，米酒1大匙，白醋1茶匙，水1大匙，
　　水淀粉1茶匙
B：香油1茶匙

🍶 腌料
酱油1茶匙，淀粉1大匙

🍳 做法
1. 鸡胸肉去骨、去皮后切丁，用腌料腌5分钟；
   葱洗净切段；蒜拍扁切片，备用。
2. 取锅烧热后，倒入适量色拉油，放入鸡胸
   肉丁炸熟捞起。
3. 于锅内放入葱段、蒜片、干辣椒段与花椒炒
   香，加入炸鸡胸肉丁与所有调料A拌炒均匀，
   起锅前放入蒜味花生仁、淋上香油即可。

酱爆鸡丁

📋 材料
鸡胸肉200克，葱段2根，辣椒2个，蒜20克，
黄甜椒40克，青椒50克，笋丁40克

🍶 调料
A：蛋清1大匙，酱油1大匙，淀粉1茶匙
B：豆瓣酱1大匙，糖1茶匙，米酒1茶匙，
　　淀粉1/2茶匙，香油1茶匙

🍳 做法
1. 所有食材洗净。鸡胸肉切丁；葱切小段；青椒、
   黄甜椒切小块；辣椒去籽；蒜切片，备用。
2. 将鸡肉丁加入所有调料A抓匀；所有调料B
   （香油除外）调匀成兑汁，备用。热一油
   锅，放入鸡肉丁炒至表面变白，捞起沥油。
3. 另热一锅，加入少许色拉油，以小火爆香蒜
   片、辣椒，接着加入黄甜椒块、青椒块与笋
   丁略炒，再加鸡肉丁快炒5秒钟，将兑汁淋
   入炒匀、洒上香油即可。

双椒鸡片

📖 材料
鸡腿肉300克，姜片10克，红甜椒片40克，剥皮辣椒片60克

🧂 调料
酱油2茶匙，糖1茶匙，水1大匙，米酒1大匙，淀粉1/2茶匙

🧂 腌料
米酒少许，淀粉少许，鸡蛋液少许

🍳 做法
1. 鸡腿肉切片，加入所有腌料抓匀，备用；所有调料拌匀成兑汁，备用。
2. 热油锅，加入鸡腿肉片炒至表面变白后盛出。
3. 锅底留少许油，以小火爆香姜片，加入红甜椒片、剥皮辣椒片略炒后，加入鸡腿肉片炒匀，再淋上兑汁快速翻炒至汤汁浓稠即可。

咖喱鸡丁

📖 材料
鸡腿肉丁300克，洋葱片40克，青椒片40克，红甜椒片40克，蒜末10克

🧂 调料
A：咖喱粉1大匙
B：盐1/4小匙，糖少许，米酒1大匙，水150毫升

🧂 腌料
盐少许，米酒少许

🍳 做法
1. 鸡腿肉丁加入腌料拌匀，备用。
2. 热油锅，加入蒜末、洋葱片爆香，放入鸡腿肉丁炒至颜色变白，再加入咖喱粉拌炒均匀。
3. 再放入调料B拌炒均匀，加入青椒片、红甜椒片翻炒均匀即可。

芦笋鸡柳

📖 材料
鸡肉条180克，芦笋150克，黄甜椒条60克，蒜末10克，姜末10克，辣椒丝10克

🧂 调料
盐1/4小匙，鸡精少许，糖少许

🧂 腌料
盐少许，淀粉少许，米酒1小匙

🍳 做法
1. 芦笋洗净切段，余烫后捞起，备用；鸡肉条加入所有腌料拌匀，备用。
2. 热锅，加入适量色拉油，放入蒜末、姜末、辣椒丝爆香，再放入鸡肉条拌炒至颜色变白，接着放入芦笋段、黄甜椒条、所有调料炒至入味即可。

葱炒滑鸡

材料
鸡胸肉1片，竹笋1根，蒜5瓣，葱段2根，
胡萝卜30克

调料
盐少许，白胡椒粉少许，香油1小匙，酱油1小匙

腌料
香油1小匙，淀粉1大匙

做法
1. 鸡胸肉切成小薄片，与所有腌料混合均匀后，腌制约5分钟。
2. 将腌制好的鸡胸肉片放入水温约60℃的水中，浸泡约3分钟后捞起沥干，备用。
3. 竹笋、胡萝卜、蒜洗净切片；葱洗净切段。
4. 取一个炒锅，先加入1大匙色拉油，以中火爆香蒜片、葱段，再放入竹笋片和胡萝卜片，拌炒均匀。
5. 在锅中加入泡软的鸡胸肉片及所有调料，以中火快速翻炒均匀即可。

照烧小棒腿

材料
小棒腿(鸡腿)500克，洋葱条50克，熟白芝麻少许，
小豆苗适量

调料
酱油70毫升，米酒70毫升，味醂60毫升，糖少许

做法
1. 所有调料混合煮匀，即为照烧酱，备用。
2. 热锅，加入2大匙色拉油，放入小棒腿拌炒至颜色变白，再加入洋葱条炒香，接着淋入照烧酱煮滚，盖上锅盖焖煮至汤汁微干时盛出。
3. 取一盘，铺上适量小豆苗，放入烧好的棒腿，再均匀撒上熟白芝麻即可。

绿豆芽炒鸡丝

🍽 **材料**
鸡丝(熟)100克，绿豆芽200克，红甜椒丝15克，
黄甜椒丝15克，蒜末10克

🧂 **调料**
盐1/4小匙，鸡精1/4小匙，白胡椒粉少许，
香油少许

🍳 **做法**
1. 绿豆芽洗净去头尾，放入沸水中略汆烫，再捞起泡入冰水中备用。
2. 热锅，加入2大匙色拉油，放入蒜末爆香后放入红甜椒丝、黄甜椒丝和绿豆芽拌炒均匀。
3. 放入鸡丝、调料(除香油)略炒，放入少许水淀粉(材料外)勾芡，最后加入少许香油即可。

干烧鸡翅

🍽 **材料**
鸡中翅10只，洋葱丝100克，姜末10克，
紫洋葱末2大匙

🧂 **调料**
辣椒酱2大匙，番茄酱2大匙，水200毫升，
米酒1茶匙，糖2大匙

🍳 **做法**
1. 鸡中翅洗净、沥干水分，备用。
2. 热一炒锅，加入少许色拉油，放入鸡中翅，煎至两面焦黄后取出；炒锅里再加入少许色拉油，以小火爆香洋葱丝、姜末及紫洋葱末，接着加入辣椒酱及番茄酱转中火炒香。
3. 在锅中加入鸡中翅与剩余调料，转小火慢煮5分钟至汤汁收干即可。

椒盐鸡腿

🍽 **材料**
鸡腿25只，葱花20克

🧂 **调料**
A：甘醇酱油1大匙，米酒1小匙
B：椒盐粉1小匙

🍳 **做法**
1. 将鸡腿洗净沥干，剖开去除骨头，再以刀在鸡腿肉内面交叉轻剁几刀，将筋剁断、肉剁松，放入大碗中，加入调料A抓匀备用。
2. 热锅，倒入约2匙色拉油烧热至160℃，放入鸡腿肉以中火炸约6分钟至表皮香脆，捞出沥干切片后装入盘中，撒上椒盐粉和葱花即可。

香肠炒小黄瓜

材料
香肠5根，小黄瓜3根(切片)，蒜3瓣(切片)，辣椒1个(切片)，上海青段1棵

调料
鸡精1小匙，香油1小匙，盐少许，黑胡椒粉少许，水50毫升

做法
1. 香肠洗净切片状备用。
2. 取锅，加入少许色拉油烧热，放入小黄瓜片、蒜片、辣椒片、上海青段和香肠片、水翻炒均匀。
3. 加入其余所有调料快炒后，盖上锅盖，焖至汤汁略收且小黄瓜熟软即可。

青椒炒肉丝

材料
猪肉丝150克，青椒50克，辣椒丝少许

调料
盐1/8茶匙，胡椒粉少许，香油少许，水淀粉1/2茶匙

腌料
鸡蛋液2茶匙，盐1/4茶匙，酱油1/4茶匙，酒1/2茶匙，淀粉1/2茶匙

做法
1. 猪肉丝加入腌料拌匀；青椒洗净切丝，备用；将所有调料拌匀成兑汁备用。
2. 热锅，加入2大匙色拉油烧热后，放入肉丝以大火迅速炒至发白，再加入青椒丝、辣椒丝炒1分钟后，一面翻炒一面加入兑汁，以大火快炒至均匀即可。

京酱肉丝

材料
猪肉丝150克，小黄瓜1条

调料
水50毫升，甜面酱3大匙，番茄酱2小匙，糖2小匙，香油1小匙，水淀粉2小匙

做法
1. 小黄瓜洗净切丝，均匀放入盘中备用；猪肉丝放入碗中，加入部分水淀粉抓匀备用。
2. 热锅，倒入2大匙色拉油烧热，放入猪肉丝以中火炒至肉丝变白，加入水、甜面酱、番茄酱及糖，持续炒至汤汁略收干，以剩余水淀粉勾芡，最后淋入香油，盛出放在小黄瓜丝上即可。

咕咾肉

📋 材料
梅花肉100克，洋葱片20克，菠萝片50克，
青椒片15克，红辣椒片20克

🥣 调料
白醋100毫升，糖120克，盐1/8小匙，淀粉1/2碗，
番茄酱2大匙

🥣 腌料
盐1/4小匙，胡椒粉少许，香油少许，鸡蛋液1大匙，
淀粉1大匙

🍴 做法

1. 梅花肉切1.5厘米片，加入腌料拌匀后蘸裹上淀粉并抖去多余淀粉。

2. 热油锅至油温为160℃，放入肉片以小火炸1分钟，再转大火炸30秒钟后捞出沥油。

3. 锅中倒出多余的油，放入蔬菜、菠萝以小火炒软，再加入其余所有调料，待煮滚后放入炸肉块，以大火翻炒均匀即可。

三丝炒鸡丝

📋 材料
去骨鸡胸肉丝250克，青椒丝5克，红甜椒丝8克，
香菇丝10克，葱丝15克，姜丝少许

🥣 调料
米酒1小匙，盐1/3小匙，水3大匙，香油适量

🥣 腌料
米酒1小匙，胡椒粉少许，糖少许，淀粉1小匙，
鸡蛋1个（取1/2蛋清）

🍴 做法

1. 将去骨鸡胸肉丝用所有腌料腌约5分钟后，热锅，放入适量色拉油烧热，将鸡胸肉丝过油捞起备用。

2. 另热一锅，倒入适量色拉油烧热，放入葱丝、姜丝、香菇丝爆香后，加入香油除外的其余调料、青椒丝、红甜椒丝翻炒，加入鸡胸肉丝以大火快炒均匀，起锅前淋上香油即可。

蚂蚁上树

材料
冬粉3把, 猪肉馅150克, 葱末20克, 红辣椒末10克, 蒜末10克

调料
A: 辣豆瓣酱1.5大匙, 酱油1小匙
B: 鸡精1/2小匙, 盐少许, 白胡椒粉少许, 水100毫升

做法
① 冬粉放入沸水中氽烫至稍软后, 捞起沥干, 备用。
② 热锅, 放入2大匙色拉油, 爆香蒜末, 再放入猪肉馅炒散后, 加入调料A炒香。
③ 锅中加入冬粉、调料B炒至入味, 起锅前撒上葱末、红辣椒末拌炒均匀即可。

葱爆五花肉

材料
猪五花肉(熟)300克, 红辣椒15克, 葱段100克

调料
酱油2大匙, 糖1小匙, 盐少许, 米酒1大匙

做法
① 先将猪五花肉切条; 红辣椒洗净后切丝; 葱段洗净, 分葱白与葱绿, 备用。
② 热锅, 加入2大匙色拉油, 放入猪五花肉条炒至反变白后取出备用。
③ 原锅放入葱白爆香后, 加入红辣椒片、葱绿和五花肉条拌炒, 再加入所有调料拌炒均匀即可。

泡菜炒肉片

材料
猪肉片200克, 泡菜150克, 洋葱丝20克, 葱段15克, 韭菜段15克

调料
糖1/4小匙, 盐少许, 鸡精少许, 米酒1/2大匙

做法
① 热锅, 加入2大匙色拉油, 爆香葱段、洋葱丝, 再放入猪肉片炒至颜色变白。
② 再放入泡菜拌炒, 接着放入韭菜段、所有调料炒至入味即可。

玉米炒肉末

📋 **材料**
猪肉馅100克，玉米粒(罐头)150克，红甜椒30克，葱30克

🧂 **调料**
盐1/2小匙，糖1小匙，鸡精1/2小匙，料酒1大匙

🍳 **做法**
1 葱、红甜椒洗净切小丁备用。
2 热锅，倒入适量色拉油，放入葱、红甜椒爆香。
3 加入猪肉馅炒至变白，再加入玉米粒及所有调料炒匀即可。

橙醋肉片

📋 **材料**
梅花火锅肉片1盒，柠檬1个，柳橙1/2个

🧂 **调料**
白醋1大匙，酱油1大匙，味醂1大匙，水2大匙

🍳 **做法**
1 柠檬和柳橙分别去皮榨汁，备用。
2 取柠檬汁3大匙、柳橙汁1大匙和所有调料拌匀成蘸酱备用。
3 将梅花火锅肉片洗净，放入沸水中氽烫至熟，捞出沥干摆盘，搭配蘸酱食用即可。

红糟肉片

📋 **材料**
里脊肉片250克，葱段1根，蒜2瓣

🧂 **调料**
红糟1.5大匙，米酒1大匙，糖1大匙，酱油1/2小匙，水2大匙

🍶 **腌料**
米酒少许，酱油少许

🍳 **做法**
1 里脊肉片用少许米酒、酱油拌匀，腌约8分钟备用。
2 葱洗净切小段；蒜切末；红糟用米酒拌匀，备用。
3 热锅，倒入2大匙色拉油烧热，将葱段、蒜末下锅爆香，再放入里脊肉片炒熟，最后加入其余调料炒匀即可。

葱爆牛肉

材料
牛肉150克，葱2根，姜20克，红辣椒1个

调料
蚝油1茶匙，盐1/2茶匙，米酒1大匙，糖1茶匙，香油1大匙

腌料
酱油1茶匙，胡椒粉1/2茶匙，水1大匙

做法
1. 牛肉洗净切片，加入腌料抓匀，腌制约8分钟后再过油沥干；葱洗净切段；姜、红辣椒洗净切片，备用。
2. 热锅，加入适量色拉油，放入葱段、姜片、红辣椒片以中大火炒香，再加入牛肉片及所有调料快炒均匀即可。

炸猪排

材料
猪里脊150克

调料
盐少许，胡椒粉少许

面衣
低筋面粉适量，鸡蛋液适量，面包粉适量

做法
1. 猪里脊肉洗净，切成约12厘米的长条状，再以蝴蝶刀切3刀，使肉宽大，再以锤子平均捶打肉片。
2. 续将肉片撒上盐、胡椒粉，并依序蘸裹上低筋面粉、鸡蛋液、面包粉。
3. 热锅，倒入适量色拉油，待油温热至约140℃，放入腌猪排，以中火炸至表面呈金黄色后转大火逼油，捞出盛盘即可。

椒麻猪排

材料

猪里脊肉200克，圆白菜丝40克，香菜末10克，蒜末5克，红辣椒末10克，地瓜粉1碗

调料

A：酱油1大匙，米酒1小匙

B：酱油2大匙，柠檬汁1大匙，糖1小匙

做法

❶ 猪里脊肉洗净，切成厚约0.4厘米的肉片，用刀尖在肉排上刺出一些刀痕使其易入味，放入碗中加入调料A抓匀腌制约2分钟；圆白菜丝洗净沥干后，均匀装入盘中备用。

❷ 热锅，倒入适量色拉油烧热至约160℃，将里脊肉两面蘸上地瓜粉后放入锅中，以中火炸约3分钟至酥脆，捞出沥干切片，盛入铺有圆白菜丝的盘中。

❸ 将香菜末、蒜末及红辣椒末放入小碗中，加入调料B拌匀，淋在猪排上即可。

关键提示 猪排口感比猪肉有嚼劲，但厚度却会延长入味与熟透的时间，要快速料理猪排，就要在洗净沥干之后，以刀尖浅浅地切划出刀痕再开始腌制，这样能帮助调料更好地渗入猪排。

蓝带炸猪排

材料

猪里脊1片（约100克），干酪片2片，火腿片2片，圆白菜80克，面粉50克

调料

盐1小匙，黑胡椒粉少许，鸡蛋液适量，面包粉50克

做法

❶ 猪里脊洗净，以拍肉器将猪里脊拍松后，均匀地撒上盐和黑胡椒粉；圆白菜洗净切丝，备用。

❷ 续将干酪片和火腿片包入猪里脊片中，先将包好的里脊肉均匀地抹上面粉，再蘸上鸡蛋液，最后再蘸上面包粉。

❸ 将蘸好面包粉的里脊肉再放入油温约160℃的油锅中，炸至表面呈酥脆金黄色，捞起沥油。取一盘，将适量的圆白菜丝铺在盘底，再摆上炸好的猪排即可。

关键提示 猪排拍松断筋不仅可以让其口感更好，也可以让猪排分量看起来较多。想让猪排看起来更厚，可以多夹一片火腿。

宫保牛肉

材料
牛肉150克，蒜(切片)3瓣，葱(切段)1根，
干辣椒(切段)10克，花椒1小匙

调料
A：蚝油1大匙，酱油1小匙，米酒1大匙，水2大匙
B：水淀粉1大匙，香油1小匙，辣油1小匙

腌料
盐1/2小匙，胡椒粉1/2小匙，酱油1小匙，米酒1大匙

做法

1. 牛肉洗净切片，加入腌料抓匀，腌制约8分钟后、过油，备用。

2. 热锅，加入适量色拉油，放入蒜片、葱段、干辣椒段、花椒小火炒香，再加入牛肉片及所有调料A大火快炒1分钟至均匀。

3. 于锅中淋入水淀粉勾芡拌匀，起锅前再淋入香油及辣油拌匀即可。

青椒炒牛肉片

材料
牛肉片200克，洋葱片50克，青椒片50克，
胡萝卜片30克，蒜末10克

调料
盐1/4小匙，鸡精少许，米酒1大匙，水淀粉少许，
水少许，粗黑胡椒粉少许

腌料
酱油少许，鸡蛋液少许，米酒少许

做法

1. 牛肉片加入所有腌料拌匀，备用。

2. 热锅，加入2大匙色拉油，放入蒜末、洋葱片爆香，再加入牛肉片拌炒至六成熟，接着放入青椒片、胡萝卜片、所有调料炒至入味即可。

油菜炒羊肉片

材料
羊肉片220克，油菜段200克，蒜末10克，姜丝15克，辣椒片10克

调料
盐1/4小匙，鸡精1/4小匙，酱油少许，米酒1大匙，麻油2大匙

做法
① 油菜段放入沸水中汆烫一下捞出，备用。

② 热锅，加入2大匙麻油，爆香蒜末、姜丝、辣椒片，再放入羊肉片拌炒至变色。

③ 再加入其余所有调料炒匀，最后放入油菜拌炒一下即可。

牛肉炒芹菜

材料
牛肉200克，芹菜3根，玉米笋10条，辣椒1个，蒜2瓣

调料
白胡椒粉1小匙，盐1小匙香油1小匙，糖2大匙，番茄酱3大匙，水3大匙

做法
① 芹菜洗净切段；玉米笋洗净，纵向横剖；辣椒和蒜洗净，切片备用。

② 牛肉洗净切丁，泡入冷油中约3分钟。

③ 油锅烧热，先放入辣椒片和蒜片爆香，将牛肉放入拌炒，再加入剩余材料与所有调料一起翻炒均匀即可。

豆酥蒸鳕鱼

材料
鳕鱼1块(约200克)，碎豆酥50克，蒜末10克，葱花20克

调料
糖1/4小匙，辣椒酱1小匙

做法
① 鳕鱼洗净沥干置于盘中，移入蒸笼以大火蒸约8分钟，取出备用。

② 热锅，倒入约100毫升色拉油烧热，放入蒜末以小火略炒出香味，再加入碎豆酥及糖，以中火持续翻炒至豆酥颜色成为金黄色，改小火加入辣椒酱快速炒匀，最后加入葱花略拌，盛出均匀淋在鳕鱼上即可。

彩椒牛肉粒

材料
牛肉200克,甜豆4根,红甜椒50克,黄甜椒50克,蒜末1/2茶匙

调料
盐1/4茶匙,蚝油1茶匙,糖1/4茶匙,水淀粉少许

腌料
鸡蛋液2茶匙,盐1/4茶匙,酱油1/4茶匙,酒1/2茶匙,淀粉1/2茶匙

做法
1. 牛肉洗净切丁,加入所有腌料拌匀;甜豆洗净切段;红甜椒、黄甜椒洗净切小方片,备用。
2. 热锅,放入1大匙色拉油,以中火将牛肉粒煎熟、盛出,备用。
3. 原锅放入蒜末炒香,再放入甜豆段、红甜椒片、黄甜椒片、盐炒匀,接着放入牛肉粒及蚝油、糖炒1分钟,起锅前加入少许水淀粉拌炒均匀即可。

糖醋鱼

材料
炸鲈鱼1尾,洋葱20克,青椒20克,红甜椒20克,菠萝肉20克

调料
番茄酱3大匙,糖2大匙,盐1/4小匙,白醋2大匙,水200毫升,水淀粉少许

做法
1. 洋葱洗净切丁;青椒、红甜椒洗净去籽后切丁;菠萝肉切丁,备用。
2. 将鲈鱼放入油温约160℃的油锅中略炸,再捞起沥油备用。
3. 热锅,加入1大匙食用油(材料外),放入洋葱丁炒香后盛起,再放入番茄酱稍微拌炒,然后加入除水淀粉外的其余调料煮开。
4. 锅中放入鲈鱼,煮约2分钟后将鱼翻面,加入炒好的洋葱丁以及青椒丁、红甜椒丁和菠萝丁略煮,最后以水淀粉勾芡,煮滚即可。

豆酱鲜鱼

🍥 材料
鲈鱼1尾(约400克)，姜末10克，红辣椒末5克，葱花10克

📦 调料
黄豆酱3大匙，酱油1大匙，米酒2大匙，香油1小匙，糖1大匙

🍲 做法
1. 鲈鱼洗净沥干，从腹部切开至背部但不切断，将整条鱼摊开成片状，放入盘中，盘底横放一根筷子备用。
2. 黄豆酱放入碗中，加入米酒、酱油、糖及姜末、红辣椒末混合成蒸鱼酱。
3. 将蒸鱼酱均匀淋在鱼上，封上保鲜膜，两边留小缝隙透气，移入蒸笼以大火蒸约8分钟后取出，撕去保鲜膜，撒上葱花并淋上香油即可。

三杯炒旗鱼

🍥 材料
旗鱼1片(约200克)，红辣椒1个(切片)，姜片5克，蒜片3瓣，新鲜罗勒2棵，葱段2根

📦 调料
麻油1大匙，酱油膏1大匙，米酒1大匙，糖1小匙，盐少许，白胡椒粉少许

🍲 做法
1. 将旗鱼洗净切块，用餐巾纸吸干水备用。
2. 取锅，加入适量麻油烧热，放入红辣椒片、姜片、蒜片、葱段以中火爆香。
3. 锅中加入旗鱼块一起翻炒3分钟，最后放入剩余的调料与罗勒炒香即可。

酸菜炒鲑鱼

材料
鲑鱼300克,酸菜150克,葱1根,姜15克,蒜3瓣,
红辣椒1个

调料
白醋1小匙,香油1小匙,盐少许,白胡椒粉少许,
糖1小匙,酱油1小匙

做法

1. 先将鲑鱼洗净,切成小块状;酸菜洗净,切
   成小块状,再泡冷水去除咸味;葱洗净切
   段;姜、蒜、红辣椒都洗净切成片,备用。
2. 取一炒锅,先加入1大匙色拉油,放入葱
   段、姜片、蒜片、红辣椒片先炒香,再放
   入酸菜片拌炒煸香。
3. 加入处理好的鲑鱼块,稍微拌炒后再加入所
   有调料,以大火翻炒均匀至材料入味即可。

韭黄炒鳝糊

材料
鳝鱼300克,韭黄150克,姜30克,蒜3瓣,
红辣椒1个,芹菜碎(装饰用)少许

调料
糖1小匙,酱油1小匙,沙茶酱1小匙,盐少许,
白胡椒粉少许,水淀粉适量,香油1小匙

做法

1. 鳝鱼洗净,氽烫后捞起,滤干水分备用。
2. 将氽烫好的鳝鱼放入油温约190℃的油锅
   中,炸成酥脆状,再切成小条状备用。
3. 将姜与蒜都洗净切碎;红辣椒洗净切片;
   韭黄洗净后切成小段状,备用。
4. 热一油锅,放入姜碎、蒜碎和红辣椒片以
   中火先爆香,再放入韭黄段拌炒均匀。
5. 然后加入炸好的鳝鱼与所有调料(香油除
   外),以大火翻炒均匀后,再以水淀粉勾薄
   芡、洒上香油,再摆上芹菜碎装饰即可。

三酥鱼柳条

材料
鲷鱼片200克，蒜末1小匙，辣椒末1/2小匙，香菜末1/2小匙，葱花1小匙

炸粉
鸡蛋1/2个，地瓜粉1大匙，盐1/4小匙

做法

1. 鲷鱼片用水略冲洗沥干，切成条状备用；将炸粉的所有材料混合拌匀备用。
2. 取锅，加入适量色拉油烧热至200℃，取鲷鱼条蘸裹上炸粉，放入锅中炸至外观呈金黄色后，盛入大碗中。
3. 将蒜末和辣椒末放入热油锅中，过油后捞起放入大碗中，再加入香菜末和葱花一起拌匀，淋在鲷鱼片上即可。

酥炸喜相逢

材料
柳叶鱼300克，面粉1大匙，鸡蛋1个，面包粉适量

调料
A：盐1/2大匙，白胡椒粉少许，米酒1大匙
B：番茄酱3大匙

做法

1. 将调料A、面粉及鸡蛋液拌匀成面糊，放入柳叶鱼稍微腌制，备用。
2. 腌制好的柳叶鱼两面均匀蘸上面包粉，重复动作至材料用毕。
3. 热油锅至油温约170℃后，放入柳叶鱼，以中火炸约6分钟至外表呈金黄色时捞起、沥油，食用时蘸上适量番茄酱即可。

蒜味花生吻仔鱼

材料
吻仔鱼200克，蒜味花生仁70克，蒜末10克，姜末10克，辣椒末15克，葱末15克

调料
米酒1大匙，胡椒粉少许，辣油少许，糖少许

做法
1. 热锅，加入3大匙色拉油，放入蒜末、姜末、辣椒末爆香，再放入吻仔鱼拌炒至微干。
2. 于锅中加入所有调料拌炒入味，再放入蒜味花生及葱末拌炒均匀即可。

胡椒虾

材料
白虾8尾，洋葱1/4个，葱段2根，蒜末1/2茶匙，奶油2茶匙，黑胡椒粉1/2茶匙

调料
盐1/4茶匙，酱油1/2茶匙，糖1/2茶匙

做法
1. 白虾洗净、剪须，用牙签挑除肠泥，备用。
2. 洋葱洗净切片；葱洗净切段，备用。
3. 热锅，放入2茶匙色拉油，将虾两面煎至焦脆，放入蒜末、洋葱片、葱段及所有调料以小火炒约2分钟，再加入奶油、黑胡椒粉炒匀即可。

泰式酥炸鱼柳

材料
鲷鱼肉200克，辣椒末1/4小匙，香菜末1/4小匙，蒜末1/4小匙，泰式甜辣酱适量

炸粉
鸡蛋液适量，地瓜粉4大匙，淀粉1大匙

腌料
鱼露1/2大匙，椰糖1/4小匙，酒2大匙

做法
1. 鲷鱼肉切条，加入腌料腌约5分钟备用；将所有炸粉料拌匀备用。
2. 将腌制好的鲷鱼条均匀裹上混匀的炸粉。
3. 热油锅，以中大火将油温烧热至约200℃，放入鲷鱼条炸3～5分钟至表面呈金黄色，取出沥油。
4. 将炸好的鲷鱼条与辣椒末、蒜末、香菜末拌匀，再蘸泰式甜辣酱即可享用。

菠萝虾球

材料
虾仁150克，菠萝丁60克

调料
柠檬汁10克，蛋黄酱40克，淀粉适量

腌料
盐适量，料酒适量，胡椒粉适量，香油适量

做法
1. 虾仁洗净以牙签挑去肠泥，并于背部划刀不切断，再取纸巾将虾仁水分擦干后，放入所有腌料中腌制约10分钟。
2. 热锅，倒入适量色拉油，待油温热至约150℃，将虾仁蘸裹上淀粉，转中大火将虾仁放入锅中，炸至虾仁呈酥脆状即可捞起沥油。
3. 另取一个干净的锅，不开火，放入蛋黄酱及柠檬汁，再放入虾仁、菠萝丁拌匀即可。

柠檬双味

材料
白虾仁150克，鱿鱼肉150克，菠萝100克，柠檬1/2个

调料
A：盐1/6茶匙，蛋清1大匙，淀粉1大匙
B：色拉酱2大匙，糖1大匙
C：淀粉1碗，香油1茶匙

做法
1. 白虾仁洗净沥干水分，用刀从虾背划开(深约至1/3处)；鱿鱼肉切小块，和虾仁一起用调料A抓匀腌制约2分钟；柠檬压汁，与调料B调匀成酱汁；菠萝切片备用。
2. 热油锅至油温约180℃，将虾仁及鱿鱼肉裹上干淀粉，放入油锅中炸约2分钟至表面酥脆后，捞起沥干油。
3. 另热一锅，倒入白虾仁、鱿鱼肉及菠萝片，淋上酱汁拌匀，洒上香油即可。

腰果虾仁

材料
虾仁200克，腰果50克，青椒40克，黄甜椒40克，蒜末10克

调料
酱油1/2小匙，盐1少许，糖1小匙，白醋1/2小匙，淀粉1/2小匙，水1/2大匙

腌料
盐适量，料酒适量，胡椒粉适量，香油适量，淀粉适量

做法
1. 虾仁去肠泥、洗净、沥干，放入腌料腌约10分钟，放入油锅中过油炸、沥油备用。
2. 青椒、黄甜椒洗净切片备用。
3. 所有调料拌匀备用。
4. 油锅烧热，放入蒜末爆香，放入青椒片、黄甜椒片略炒后，加入虾仁，淋入调料拌炒入味，再放入腰果拌炒一下即可。

锅巴虾仁

材料
锅巴	8片
猪肉片	30克
虾仁	50克
笋片	20克
胡萝卜片	10克
甜豆	40克
葱段	20克
蒜末	10克
高汤	200毫升

调料
番茄酱	3大匙
盐	1/4茶匙
糖	1大匙
香油	1茶匙
水淀粉	2大匙

做法
1. 将猪肉片、虾仁及笋片放入沸水中汆烫至熟，捞出沥干水分，备用。
2. 热一炒锅，加入2大匙色拉油，以小火爆香葱段、蒜末，接着加入虾仁、猪肉片、笋片及甜豆、胡萝卜片炒香，再加入高汤、番茄酱、盐及糖煮匀。
3. 煮滚后，继续以小火煮约30秒钟，接着以水淀粉勾芡，再淋上香油即可装碗，备用。
4. 热一锅，加入约500毫升色拉油，热至油温约160℃，接着转小火，将锅巴放入锅中炸至酥脆，捞起放至盘中，倒在猪肉虾仁上即可。

茄汁煎虾

材料
鲜虾10尾，西红柿100克，洋葱50克，青椒50克，蒜末10克

调料
番茄酱3大匙，水50毫升，糖1大匙

做法
1. 鲜虾剪去长须及脚，再用剪刀剪开后背，挑出肠泥，洗净沥干。
2. 西红柿、洋葱和青椒洗净沥干，切丁备用。
3. 取锅烧热，加入1大匙色拉油，将鲜虾以小火煎约1分钟后翻面，再煎约1分钟至虾身两面变红，改转中火，加入蒜末、洋葱丁、青椒丁和西红柿丁翻炒约30秒钟。
4. 继续于锅中加入番茄酱、水和糖拌匀，改转小火煮约3分钟后，再改转中火让汤汁略收干即可。

干烧大虾

材料
草虾10尾，洋葱50克，蒜末10克

调料
红辣椒酱1大匙，番茄酱2大匙，水50毫升，糖1大匙，盐少许

做法
1. 草虾剪去长须及足，再从背部剪至尾部，挑出肠泥，洗净沥干备用。
2. 洋葱去皮，洗净后切丁备用。
3. 热锅，倒入1大匙色拉油烧热，将草虾排放平铺至锅中，小火煎约1分钟，翻面续煎至两面变红、香气溢出。
4. 将蒜末、洋葱丁加入锅中，转中火与虾一起翻炒约30秒钟，再加入所有调料，拌匀后盖上锅盖，转小火焖煮3分钟后打开锅盖，转中火将汤汁收干即可。

豆苗虾仁

🍤 材料
虾仁250克，豆苗200克，蒜末10克，姜末10克

🍶 调料
A：盐少许，米酒少许，香油少许
B：盐少许，鸡精少许，米酒1大匙

🍲 做法
① 热锅，加入少量色拉油，放入豆苗、调料A炒热取出，盛盘备用。
② 洗净锅，重新加热，并加入适量色拉油，爆香蒜末、姜末，再放入虾仁拌炒，接着加入调料B炒入味，盛出放在豆苗上即可。

西红柿滑蛋虾仁

🍤 材料
虾仁150克，西红柿块120克，鸡蛋4个，葱花15克，蒜末10克

🍶 调料
盐1/4小匙，鸡精1/4小匙，胡椒粉少许，米酒1大匙

🍲 做法
① 虾仁洗净，放入沸水中汆烫一下；鸡蛋打散，备用。
② 热锅，加入2大匙色拉油，爆香蒜末，再加入西红柿块拌炒，接着加入虾仁、葱花、所有调料炒匀，最后加入打散的鸡蛋炒至八成熟即可。

酸辣柠檬虾

🍤 材料
白甜虾200克，红辣椒3个，青辣椒2个，蒜10克

🍶 调料
柠檬汁2大匙，白醋1大匙，鱼露1大匙，水2大匙，糖1/4茶匙

🍲 做法
① 将红辣椒、青辣椒及蒜洗净剁碎；白甜虾洗净、沥干水分，备用。
② 热一锅，加入少许色拉油，先将白甜虾倒入锅中，两面略煎过，盛出备用。
③ 另热一锅，加入少许色拉油，放入红辣椒、青辣椒碎、蒜末略炒，再加入白甜虾及所有调料，以中火烧至汤汁收干即可。

椒盐中卷

材料
中卷3只，蒜苗3根，红甜椒片1/2个，蒜末1.5茶匙，椒盐适量

调料
糖1/4茶匙，白胡椒粉1/4茶匙

裹粉
卡士达粉1大匙，地瓜粉8大匙

做法
1. 蒜苗洗净、切斜片备用。
2. 中卷洗净切段，放入混匀的裹粉材料中抓匀，再放入热油中以大火炸2分钟，捞起备用。
3. 热锅，放入少许色拉油，倒入蒜苗片、蒜末、红甜椒片炒2分钟，再加入炸中卷以大火炒2分钟，加入椒盐和所有调料拌匀即可。

避风塘蟹脚

材料
蟹脚150克，蒜8瓣，豆酥20克，葱段1根(切葱花)

调料
糖1小匙，七味粉1大匙，辣豆瓣酱1/2小匙

做法
1. 蟹脚洗净，用刀背将外壳拍裂，放入沸水中煮熟，捞起沥干备用；蒜切成末，放入油锅中炸成蒜酥，捞起沥干备用。
2. 锅中留少许油，放入豆酥炒至香酥，再放入蟹脚、蒜酥、葱花及所有调料拌炒均匀即可。

椒盐土鱿

材料
水发鱿鱼3尾(约600克)，蒜末1大匙，葱末2大匙，红辣椒末1茶匙，油3大匙，胡椒盐1茶匙

调料
香油1茶匙

做法
1. 鱿鱼去薄膜洗净，先切花刀，再分切小片状，放入沸水中略汆烫，捞起沥干备用。
2. 取锅，加入3大匙色拉油，放入鱿鱼片以大火略炒后，加入蒜末、葱末、红辣椒末和全部调料炒匀即可。

腰果炒双鲜

材料
墨鱼1/2只，鲜虾10尾，葱段1根，蒜1瓣，辣椒1/2个，腰果30克

调料
白胡椒粉1小匙，香油1小匙，盐1小匙

做法
1. 将墨鱼洗净切成圈状；鲜虾划开背部，去沙肠泥，再将墨鱼与鲜虾放入沸水中快速余烫后，捞起备用。
2. 腰果洗净，用餐巾纸中吸干水分，再放入冷油中，以小火慢炸至外观呈金黄色备用。
3. 葱洗净切段；辣椒和蒜洗净，切片备用。
4. 热油锅，将葱、辣椒、蒜片先以中火爆香，加入海鲜一起翻炒1分钟，再加入所有调料拌炒均匀，最后放入炸好的腰果略翻炒即可。

罗勒海瓜子

材料
海瓜子350克，罗勒3根，蒜3瓣，红辣椒1/2个，葱1根

调料
酱油膏1大匙，盐少许，白胡椒粉少许，米酒1大匙，香油1小匙，水淀粉少许

做法
1. 先将海瓜子泡入冷水中，水中加入1大匙盐，将其静置吐沙备用。
2. 罗勒洗净备用；蒜与红辣椒都洗净切成片状；葱洗净切段备用。
3. 取一炒锅，先加入1大匙色拉油，再加入蒜片与红辣椒片，以中火爆香。
4. 然后加入洗净的海瓜子和除水淀粉外的调料，拌炒均匀后再放入罗勒和葱段，以大火快速翻炒均匀，最后以水淀粉勾薄芡即可。

葱爆小墨鱼

材料
咸小墨鱼200克，葱段50克，蒜末20克，红辣椒片5克

调料
酱油2大匙，米酒1大匙，水2大匙，糖1茶匙

做法
1. 咸小墨鱼用开水浸泡约5分钟，捞出洗净、沥干水分，备用。
2. 热一锅，加入约200毫升色拉油，烧热至油温约160℃，将小墨鱼放入，以中火炸约2分钟至微焦香后捞出沥油。
3. 锅底留少许油，放入葱段、蒜末及红辣椒片炒香，接着加入小墨鱼炒香，再加入所有调料炒至干香即可。

西芹炒墨鱼

材料
墨鱼300克，西芹片60克，红甜椒片20克，黄甜椒片20克，葱段1根，蒜片3瓣

调料
鲜美露1大匙，糖1小匙，米酒1大匙，香油1小匙

做法
1. 墨鱼洗净切花、再切小块，放入沸水中余烫，备用。
2. 热锅，加入适量色拉油，放入葱段、蒜片爆香，再加入西芹片、甜椒片炒香。
3. 续于锅中加入墨鱼及所有调料，以大火拌炒30秒钟至均匀即可。

韭菜花炒鱿鱼

材料
泡发鱿鱼条200克，韭菜花180克，蒜片10克，姜末10克，辣椒丝10克

调料
酱油少许，盐1/4小匙，鸡精1/4小匙，胡椒粉少许，米酒1小匙

做法
1. 热锅，加入适量色拉油，放入蒜片、姜末爆香，再放入鱿鱼条炒香。
2. 于锅中加入韭菜花段拌炒，最后加入所有调料炒至均匀入味，起锅前加入辣椒丝略炒配色即可。

吻仔鱼炒苋菜

🐟 材料
吻仔鱼50克, 苋菜300克, 蒜末15克, 姜末5克, 胡萝卜丝10克, 热高汤150毫升

🧂 调料
A: 盐1/4小匙, 鸡精1/4小匙, 米酒1/2大匙, 白胡椒粉少许
B: 香油少许, 水淀粉适量

🍳 做法
1 吻仔鱼洗净沥干; 苋菜洗净切段, 放入沸水中氽烫1分钟, 捞出, 备用。
2 热锅, 倒入2大匙色拉油, 放入姜末、蒜末爆香, 再放入吻仔鱼炒香, 加入苋菜段、胡萝卜丝、热高汤、所有调料A拌匀, 最后以水淀粉勾芡, 再淋上香油即可。

蛤蜊丝瓜

🐟 材料
丝瓜350克, 蛤蜊80克, 葱段1根, 姜10克

🧂 调料
盐1/2小匙, 糖1/4小匙

🍳 做法
1 丝瓜洗净去皮、去籽, 切成菱形块, 放入油锅中过油, 捞起沥干备用。
2 葱洗净切段; 姜洗净切片; 蛤蜊泡盐水吐沙, 洗净备用。
3 热锅倒入适量色拉油, 放入葱段、姜片爆香, 再加入丝瓜及蛤蜊以中火拌炒均匀, 盖上锅盖焖煮至蛤蜊打开, 加入所有调料拌匀即可。

葱油牡蛎

🐟 材料
牡蛎150克, 葱丝10克, 姜丝5克, 红辣椒丝10克, 香菜少许

🧂 调料
鱼露2大匙, 米酒1小匙, 糖1小匙, 淀粉适量

🍳 做法
1 牡蛎洗净沥干, 均匀蘸裹上淀粉, 放入沸水中氽烫至熟后, 捞起摆盘。
2 葱丝、姜丝、红辣椒丝放入清水中浸泡至卷曲, 再沥干放在牡蛎上。
3 热锅, 加入香油1小匙、色拉油1小匙及其余所有调料拌炒均匀, 淋在葱丝上, 再撒上香菜即可。

豆豉汁蒸牡蛎

材料
牡蛎120克，葱30克，红辣椒5克，姜末30克，蒜末30克，红辣椒末10克

调料
豆豉50克，蚝油2大匙，酱油1大匙，米酒3大匙，糖2大匙，胡椒粉1小匙，香油2大匙

做法
1. 先将牡蛎洗净，加入适量淀粉(材料外)抓匀；葱洗净切段；红辣椒洗净切丝，备用。
2. 取一锅，将蒜末、姜末、红辣椒末和所有调料拌匀，煮至滚沸即为豆豉汁备用。
3. 将葱段、红辣椒丝放入蒸盘内，与牡蛎混合均匀，淋上3大匙豆豉汁。
4. 取一炒锅，锅中加入适量水，放上蒸架，将水煮至滚沸，再放入蒸盘，盖上锅盖以大火蒸约3分钟即可。

柚香拌蟹肉

材料
蟹肉200克，葡萄柚1个，红辣椒1个，洋葱80克，香菜3棵

调料
酱油2大匙，葡萄柚汁100毫升，水1大匙，麻油1/2大匙

做法
1. 蟹肉洗净，挑去细壳，再放入沸水中氽烫至熟，捞起沥干后泡入冰水中，备用。
2. 洋葱、红辣椒洗净切丝；葡萄柚去皮、取出果肉；香菜洗净切小段，备用。
3. 调料混合均匀，倒入锅中煮滚后即为柚香酱汁。
4. 将蟹肉、洋葱丝、红辣椒丝、葡萄柚与柚香酱汁拌匀，最后放上香菜装饰即可。

醋熘圆白菜

材料
圆白菜400克，胡萝卜丝20克，辣椒片10克，蒜片10克，葱段15克

调料
糖1小匙，盐1/4小匙，鸡精少许，白醋1小匙，醋1小匙，水150毫升，水淀粉适量

做法
1. 圆白菜洗净切大片备用。
2. 热油锅内放入蒜片、葱段及辣椒片爆香，再放入胡萝卜丝及圆白菜片炒约1分钟。
3. 加入除水淀粉外的所有调料炒匀，加入水淀粉勾薄芡即可。

培根圆白菜

材料
圆白菜400克，培根50克，蒜10克，红辣椒1个

调料
盐1/2茶匙，糖1/2茶匙，水3大匙

做法
1. 圆白菜洗净后切片；培根切小片；红辣椒洗净切小片；蒜切末，备用。
2. 热锅，加入适量色拉油，以小火爆香蒜末、红辣椒片及培根片。
3. 最后加入圆白菜、水、盐及糖，炒至圆白菜变软即可。

蒜酥圆白菜

材料
圆白菜苗150克，蒜片1小匙

调料
盐1/4小匙，米酒1大匙

做法
1. 圆白菜苗洗净沥干，分切成四等份备用。
2. 取锅，加入1小匙色拉油烧热，放入蒜片炒至金黄色，加入圆白菜苗和调料拌炒均匀即可。

酱爆圆白菜

材料
圆白菜片500克，猪肉片100克，蒜末10克，辣椒片10克，蒜苗片25克

调料
A：豆瓣酱1/2大匙
B：酱油少许，鸡精少许，糖1/4小匙，米酒1小匙

做法
1. 圆白菜片放入沸水中余烫一下，备用。
2. 热锅，加入2大匙色拉油，放入蒜末、辣椒片爆香，再放入肉片炒至变色，接着加入豆瓣酱炒香，放入蒜苗片、圆白菜片及调料B拌炒入味即可。

苍蝇头

材料
猪肉馅120克，韭菜花100克，辣椒50克，蒜30克，豆豉50克

调料
酱油1大匙，鸡精1小匙，米酒1大匙，香油1大匙，辣油1小匙，糖1小匙

做法
1. 辣椒、蒜洗净切末；豆豉稍洗净后沥干；韭菜花洗净切小段，备用。
2. 热锅，倒入少许色拉油，放入猪肉馅炒至颜色变白且略干，取出备用。
3. 锅中再倒入适量色拉油，放入辣椒末、蒜末、豆豉爆香，再加入肉馅及所有调料炒匀，起锅前加入韭菜花段以大火炒匀即可。

干煸四季豆

材料
猪肉馅80克，培根末30克，四季豆段350克，蒜末10克，辣椒末10克

调料
辣豆瓣酱1大匙，盐1/4小匙，鸡精1/4小匙，米酒1小匙

做法
1. 四季豆段放入油锅中炸软、捞出沥油，备用。
2. 锅中留少许底油重新加热，放入猪肉馅炒至变色，再加入蒜末、辣椒末、培根末炒香。
3. 加入所有调料拌炒均匀，再加入四季豆炒入味即可。

鱼香茄子

材料
茄子3条，肉馅50克，咸鱼15克，蒜末1/2茶匙，
姜末1/2茶匙，葱花1茶匙

调料
辣豆瓣酱1茶匙，蚝油1茶匙，酱油1/2茶匙，
糖1/2茶匙，鸡精1/4茶匙，水淀粉1茶匙，
水100毫升

做法
1 茄子洗净削皮，表面保留少许皮。
2 将切茄子块放入160℃的热油中，炸至软即
可捞出沥油，放入沸水中烫去油分捞出备用。
3 热锅放入1大匙色拉油，放入姜末、蒜末、
咸鱼以小火炒香，再放入肉馅炒至变白，
继续加入辣豆瓣酱略炒。
4 再加入其余调料(水淀粉先不加入)煮匀，最
后再加入炸茄子煮滚，以水淀粉勾芡，撒
上葱花即可。

虾米白菜

材料
大白菜片500克，泡发香菇2朵，虾米20克，
猪肉丝80克，胡萝卜片15克，葱段15克，
蒜末10克

调料
盐1/4小匙，鸡精少许，米酒1小匙，糖少许，
醋1小匙，水100毫升，水淀粉少许

腌料
酱油少许，糖少许，米酒1小匙，淀粉少许

做法
1 泡发的香菇洗净切丝；虾米洗净，备用。
2 猪肉丝加入所有腌料拌匀，备用。
3 热锅，加入2大匙色拉油，放入肉丝炒至变
色，再加入蒜末、葱段、胡萝卜片、香菇丝、
虾米爆香，接着放入大白菜片炒至微软。
4 加入除水淀粉外的调料拌匀，盖上锅盖焖
煮约3分钟，再淋入水淀粉勾芡拌匀即可。

肉丝炒西蓝花

🐟 材料
西蓝花300克，猪肉丝150克，胡萝卜30克，
蒜3瓣

🍶 调料
香油1小匙，盐少许，白胡椒粉少许

🍚 腌料
淀粉少许

🍳 做法
1. 将猪肉丝与腌料混合拌匀，腌制约5分钟备用。
2. 西蓝花洗净，去粗梗后切成小朵状；胡萝卜洗净去皮后切片；蒜拍扁，备用。
3. 将猪肉丝、西蓝花、胡萝卜片、蒜一起放入油温约200℃的油锅中炸约1分钟，即可捞起沥油，备用。
4. 取一炒锅，加入1大匙色拉油，放入炸好的所有材料及所有调料，以中火翻炒均匀即可。

蒜炒双花

🐟 材料
菜花100克，西蓝花100克，胡萝卜30克，
蒜2瓣，橄榄油1茶匙

🍶 调料
盐1/2茶匙

🍳 做法
1. 菜花、西蓝花洗净切小朵；胡萝卜洗净去皮切片；蒜切片备用。
2. 煮一锅水，将菜花、西蓝花烫熟，捞起沥干备用。
3. 取一不粘锅，加入少许色拉油烧热后，爆香蒜片。
4. 放入菜花、西蓝花和胡萝卜片略拌，加入盐调味后盛盘即可。

雪菜炒肉末

📑 **材料**

雪菜200克, 猪肉馅150克, 蒜末10克, 姜末10克, 红辣椒1个

📑 **调料**

盐少许, 鸡精1/4小匙, 糖1/2小匙, 香油少许

📑 **做法**

❶ 雪菜洗净切细丁; 红辣椒洗净切小丁, 备用。

❷ 热锅, 倒入2大匙色拉油烧热, 放入姜末、蒜末爆香, 然后放入猪肉馅, 炒至颜色变白, 放入雪菜丁、红辣椒丁拌炒1分钟, 再加入所有调料拌炒入味即可。

菠菜炒猪肝

📑 **材料**

菠菜200克, 猪肝100克, 蒜末2瓣, 红辣椒1个(切片)

📑 **调料**

盐适量, 鸡精适量, 米酒适量

📑 **做法**

❶ 菠菜洗净切段; 猪肝切薄片, 冲冷水, 捞起沥干水分, 用适量米酒、淀粉(分量外)抓匀, 入沸水中氽烫一下, 捞起备用。

❷ 热锅, 加入2大匙色拉油爆香蒜末, 放入猪肝、菠菜快炒, 起锅前加入红辣椒片, 再加入所有调料拌匀即可。

备注: 若要让猪肝彻底去腥, 冲水时间约需20分钟。

上海青烩百合白果

📑 **材料**

百合1朵, 白果60克, 蒜1瓣, 辣椒1/3个, 上海青50克

📑 **调料**

盐少许, 酱油1/2小匙, 蚝油1/2小匙, 糖少许

📑 **做法**

❶ 将百合轻轻剥开, 浸泡在水中清洗备用; 蒜、辣椒洗净切成片状; 上海青去蒂洗净切段, 备用。

❷ 起一个炒锅, 加入1大匙色拉油烧热, 放入蒜片、辣椒片、上海青以中火爆香。

❸ 最后放入百合和白果、所有调料, 以中小火焖煮拌匀即可。

炒桂竹笋

🥢 材料
桂竹笋200克, 猪肉馅50克, 蒜末20克, 辣椒片10克

🍶 调料
黄豆酱1大匙, 酱油1小匙, 糖1大匙, 水300毫升

🍳 做法
① 桂竹笋用手撕成条状, 再切成段, 放入沸水中氽烫约2分钟, 捞出备用。
② 热一炒锅, 加入少许色拉油, 放入蒜末与辣椒片炒香, 接着放入猪肉馅炒匀。
③ 放入桂竹笋丝与所有调料, 炒匀后盖上锅盖焖煮至汤汁略干即可。

红油桂竹笋

🥢 材料
桂竹笋250克, 泡发香菇60克, 蒜末20克

🍶 调料
辣椒油4大匙, 盐1/2小匙, 糖1大匙, 米酒3大匙

🍳 做法
① 桂竹笋切粗条, 放入沸水中氽烫, 再捞出冲凉并沥干, 备用。
② 泡发香菇洗净切丝备用。
③ 热锅, 倒入辣椒油, 以小火爆香蒜末、香菇丝, 再加入桂竹笋及盐、糖、米酒, 以中火翻炒约1分钟至水分略收干即可。

辣炒箭笋

🥢 材料
箭笋200克, 葱5克, 红辣椒片1/4小匙

🍶 调料
辣豆瓣酱1大匙, 米酒1/2大匙, 糖1/2小匙

🍳 做法
① 箭笋洗净沥干; 葱洗净沥干切段, 备用。
② 取锅, 加入少许色拉油烧热, 放入葱段、红辣椒片炒香, 再加入箭笋和调料拌炒均匀即可。

清炒双冬

📇 **材料**

真空包竹笋250克，草菇8朵，蒜2瓣(切片)，
胡萝卜片20克，葱段2根，姜片5克

🧂 **调料**

蚝油2大匙，糖1小匙，白胡椒粉适量，香油1小匙

🍴 **做法**

❶ 真空包竹笋切片，放入沸水中略氽烫后，捞
   起沥干备用。

❷ 起锅，加入少许色拉油烧热，放入笋片、其
   余的蔬菜和所有的调料(香油先不加入)，以
   中火翻炒2分钟。

❸ 起锅前加入香油一起翻炒均匀即可。

蚝油双菇烩豆苗

📇 **材料**

杏鲍菇片150克，秀珍菇150克，小豆苗100克，
辣椒丝少许，姜片适量

🧂 **调料**

蚝油2大匙，盐少许，糖少许，鸡精少许，香油少许，
水100毫升

🍴 **做法**

❶ 秀珍菇、小豆苗分别洗净，备用。将小豆苗放
   入沸水中快速氽烫后捞出，沥干水分盛盘。

❷ 热锅，放入1大匙色拉油，爆香姜片，加入杏
   鲍菇片、秀珍菇以中火炒至微软，再加入辣
   椒丝、所有调料，煮至入味后以少许水淀粉
   (材料外)勾芡，起锅盛在小豆苗上即可。

凉拌土豆丝

📇 **材料**

土豆1个(约150克)，胡萝卜30克

🧂 **调料**

醋1大匙，辣油1大匙，糖1小匙，盐1/6小匙

🍴 **做法**

❶ 将土豆与胡萝卜洗净去皮切丝，氽烫约30秒钟后，捞起
   冲凉备用。

❷ 将土豆丝、胡萝卜丝与所有调料拌匀即可(盛盘后可加入
   少许香菜装饰)。

鲜菇红薯叶

材料
红薯叶200克，胡萝卜少许，鲜香菇10克，蒜2瓣

调料
盐1小匙，鸡精1/2小匙

做法
1. 红薯叶挑除老茎洗净；胡萝卜洗净去皮切丝；鲜香菇洗净切片；蒜切片，备用。
2. 热锅，倒入适量色拉油，放入蒜片爆香。
3. 锅内加入红薯叶、胡萝卜丝、香菇片炒匀，再加入所有调料拌炒均匀即可。

洋葱拌金枪鱼

材料
洋葱1个，金枪鱼罐1罐，葱花1大匙

调料
柳橙原汁60毫升，米醋60毫升，酱油60毫升，味醂20毫升

做法
1. 洋葱去外皮薄膜后洗净切细丝，再与所有调料拌匀，备用。
2. 金枪鱼罐开罐后倒出、滤酱汁，将金枪鱼肉弄散备用。
3. 将洋葱丝摆入盘中，接着把金枪鱼肉铺在洋葱丝上，淋上做法1中剩余的酱汁，最后撒上葱花即可。

芝麻酱秋葵

材料
秋葵250克，熟白芝麻适量

调料
芝麻酱3大匙，酱油1大匙，白醋1/2大匙，盐少许，冷开水1/2大匙，麻油少许

做法
1. 将一锅水煮至滚，加入少许盐，再放入洗净的秋葵，氽烫至熟后捞起沥干，备用。
2. 将芝麻酱与水调开拌匀，再加入其余调料混合均匀即可。
3. 将氽烫好的秋葵盛入盘中，淋上适量芝麻酱，再撒上熟白芝麻即可。

和风芦笋

📃 材料
芦笋180克，洋葱碎50克

📃 调料
和风酱150毫升，白芝麻1大匙，黑胡椒粉少许，盐少许

📃 做法
1. 芦笋洗净去老皮，放入沸水中以中火汆烫约1分钟，捞起再放入冰水中冰镇备用。
2. 将洋葱碎和其余调料混合均匀，即为和风酱，备用。
3. 将芦笋摆盘，淋入适量和风酱即可。

椒盐香菇

📃 材料
鲜香菇200克，胡椒盐适量

📃 炸粉
鸡蛋1个，淀粉2大匙，地瓜粉1/4小匙，盐1/4小匙，水1大匙

📃 做法
1. 将所有炸粉材料混合拌匀备用。
2. 鲜香菇洗净沥干，一朵分切成四等份备用。
3. 取锅，加入适量色拉油烧热至200℃，取鲜香菇蘸裹上炸粉，放入锅中炸至外观呈金黄色后盛入盘中，食用时可搭配胡椒盐。

三杯杏鲍菇

📃 材料
杏鲍菇3朵，姜20克，蒜3瓣，罗勒2棵，红辣椒丝少许

📃 调料
麻油2大匙，酱油1大匙，米酒1大匙，盐少许，白胡椒粉少许

📃 做法
1. 杏鲍菇洗净，切成滚刀状备用；姜与蒜洗净切片；罗勒洗净，备用。
2. 取一炒锅，先加入2大匙麻油，再加入姜片以小火慢慢煸香并稍微炒干。
3. 加入蒜片与红辣椒丝和杏鲍菇块，以中火拌炒均匀后，再加入所有的调料拌炒均匀，起锅前放入罗勒和红辣椒丝略炒即可。

彩椒杏鲍菇

🍲 材料
杏鲍菇50克，红甜椒10克，黄甜椒10克，姜5克，青椒10克

🍶 调料
盐1小匙，糖1/2小匙，鸡精1/2小匙

🍳 做法
❶ 姜洗净切丝；其余材料都洗净切条状，备用。

❷ 热锅，倒入少量色拉油，放入姜丝爆香。

❸ 加入其余蔬菜炒匀，再加入所有调料炒熟即可。

蚝油什锦炒鲜菇

🍲 材料
香菇3朵，西蓝花6朵，胡萝卜10克，玉米笋20克，蒜2瓣

🍶 调料
蚝油1大匙，香油1小匙，鸡精1小匙，盐少许，白胡椒粉少许

🍳 做法
❶ 香菇洗净切成四等份；西蓝花洗净修成小朵；蒜、胡萝卜洗净切片；玉米笋洗净切斜片。

❷ 起一个炒锅，加入1大匙色拉油烧热，放入所有蔬菜以中火翻炒均匀，再加入所有调料翻炒均匀即可。

枸杞烩蟹味菇

🍲 材料
蟹味菇1盒，胡萝卜50克，蒜2瓣，葱段1根，枸杞子1大匙

🍶 调料
盐少许，白胡椒粉少许，香油1小匙，糖1小匙

🍳 做法
❶ 蟹味菇去蒂，洗净备用；胡萝卜洗净削去外皮后切片；蒜切片；葱洗净切小段备用。

❷ 取一炒锅，加入1大匙色拉油，放入蒜片、胡萝卜片以中火先爆香，再加入蟹味菇拌炒均匀。

❸ 然后加入枸杞子和所有的调料(香油除外)，再以中火翻炒均匀至材料入味，最后放入葱段，洒上香油即可。

辣炒天妇罗

🐟 **材料**

天妇罗4片，红辣椒丝2克，青辣椒丝2克，蒜片1小匙

🧂 **调料**

酱油1/4小匙，辣油1大匙

🍳 **做法**

❶ 天妇罗以水略冲洗沥干，切成长条状备用。

❷ 取锅，加入适量色拉油烧热至200℃，放入天妇罗炸至金黄色后，捞起沥油。

❸ 另取锅，加入少许色拉油烧热，放入红辣椒、青辣椒丝、蒜片、天妇罗和所有调料，拌炒均匀即可。

肉末烧豆腐

🐟 **材料**

老豆腐3大块，猪肉馅120克，姜末10克，蒜末10克，辣椒末10克，葱花10克

🧂 **调料**

糖少许，盐1/4小匙，酱油40毫升，水200毫升，水淀粉适量

🍳 **做法**

❶ 老豆腐切厚片，放入倒有少许色拉油的锅中煎至表面微焦，取出备用。

❷ 于锅中再倒入1大匙色拉油，放入姜末、蒜末、辣椒末及一半的葱花爆香。

❸ 再加入猪肉馅炒至颜色变白，加入除水淀粉外的调料及老豆腐片烧至入味，以水淀粉勾芡后，加入剩下的葱花拌匀即可。

红烧豆腐

🐟 **材料**

老豆腐2块，香菇2朵，胡萝卜丝25克，葱段20克，上海青适量

🧂 **调料**

酱油1大匙，糖1/2小匙，鸡精少许，盐少许，水180毫升

🍳 **做法**

❶ 泡软的香菇洗净切丝；老豆腐切厚片，备用。

❷ 热锅，加入3大匙色拉油，放入老豆腐煎至上色，再加入葱段、香菇丝、胡萝卜丝炒香。

❸ 于锅中加入所有调料煮匀，最后加入上海青煮熟配色即可。

家常豆腐

材料

老豆腐2块，葱段1根，蒜片3瓣，五花肉片10克，香菇2朵，红辣椒1个(切段)，笋片10克，高汤200毫升

调料

A：辣椒酱1大匙，酱油1小匙，糖1小匙
B：水淀粉1小匙，香油1小匙，辣油1小匙

做法

1. 老豆腐洗净、切长块，放入油温为150℃的油锅内，炸至金黄色后捞起、沥油；香菇泡水至软、洗净切片，备用。

2. 热锅，加入适量色拉油(材料外)，放入葱段、蒜片、红辣椒段炒香，再加入笋片、五花肉片、炸豆腐、香菇片及所有调料A和高汤拌匀，转小火焖煮2～3分钟。

3. 于锅中加入水淀粉勾芡，起锅前再加入香油及辣油拌匀即可。

咸蛋烩豆腐

材料

咸蛋2个，老豆腐3块，玉米笋60克，豌豆荚50克，蟹味菇40克，蒜末10克，葱段10克，高汤150毫升

调料

酱油1/3大匙，糖少许，米酒1小匙，香油少许，水淀粉适量

做法

1. 咸蛋切小片；老豆腐切块，备用。

2. 玉米笋洗净切片；豌豆荚去头尾后洗净切片；蟹味菇去蒂头，洗净备用。

3. 热锅倒入2大匙色拉油，放入蒜末以中火爆香，加入咸蛋片炒香后取出(保留锅中余油)，备用。

4. 锅中续放入葱段和玉米笋片、豌豆荚、蟹味菇翻炒均匀，加入老豆腐块和高汤煮至滚沸，再加入除水淀粉外的所有调料和咸蛋片拌匀，最后以少许水淀粉勾芡即可。

鱼香烘蛋

材料
鸡蛋	7个
猪肉馅	60克
荸荠	35克
葱花	10克
蒜末	10克
姜末	5克

调料
红辣椒酱	2大匙
酱油	1小匙
糖	2小匙
水淀粉	1大匙
水	150毫升

做法

❶ 荸荠洗净，去皮后切碎；鸡蛋打入碗中搅散，备用。

❷ 热锅倒入约100毫升色拉油，以中小火加热至约200℃(稍微冒烟)，关火用勺子舀出一勺热油备用，再将蛋液倒入锅中，将备用的热油往蛋中央倒入，让蛋瞬间膨胀，开小火以煎烤的方式将蛋煎至两面金黄后装盘。

❸ 将锅中余油继续加热，放入蒜末及姜末小火爆香，加入猪肉馅炒至颜色变白散开，再加入红辣椒酱略炒均匀。

❹ 最后加入荸荠碎、葱花、酱油、糖及水翻炒至滚，以水淀粉勾芡后，淋在煎蛋上即可。

滑蛋牛肉

材料
鸡蛋4个，牛肉片100克，葱花15克，高汤80毫升

调料
盐1/4小匙，米酒1小匙，淀粉1小匙

做法
1. 牛肉片放入小碗中，加入1小匙淀粉(材料外)充分抓匀，放入水中汆烫至水滚后5秒钟，立即捞出冲凉沥干备用；将高汤和所有调料放入小碗中调匀备用。
2. 鸡蛋打入大碗中，加入调料汁搅打均匀，再加入牛肉片及葱花拌匀。
3. 热锅，倒入2大匙色拉油烧热，将材料再拌匀一次后倒入锅中，以中火翻炒至蛋汁凝固即可。

黑胡椒牛柳

材料
牛肉200克，洋葱1/2个(切丝)，红甜椒丝30克，蒜4瓣(切碎)

调料
A：嫩精1/4小匙，淀粉1小匙，酱油1小匙，蛋清1大匙
B：粗黑胡椒粉1大匙，番茄酱1小匙，A1酱1小匙，水2大匙，盐1/4小匙，糖1小匙，香油1小匙，水淀粉1小匙

做法
1. 将牛肉洗净，切成长约3厘米的肉条，与调料A拌匀，腌制约2分钟。
2. 热锅，倒入约2大匙色拉油烧热，放入牛肉以大火快炒至牛肉表面变白，盛出备用。
3. 热油锅，放入洋葱丝、红甜椒丝和蒜碎以小火爆香，加入黑胡椒略翻炒，再加入番茄酱、A1酱、水、盐及糖拌煮均匀，接着放入牛肉条以大火快炒10秒钟，最后以水淀粉勾芡并淋入香油炒匀即可。

PART 4

下饭素食
家常菜

吃腻了大鱼大肉，偶尔也要吃些蔬食去去油腻，让营养更均衡。现在的素食料理有许多变化可供选择，烹调方法不同，滋味也不同，甚至比荤食更美味。不论是素食者或是荤食者，都可以尝试搭配不同的素食菜色，让餐桌上的一道道美食更丰富美味。

麻油素腰花

材料
蘑菇150克，老姜片50克

调料
胡麻油3大匙，酱油1大匙，水50毫升

做法
1. 蘑菇去蒂洗净，切十字刀状，放入沸水中氽烫后捞起备用。
2. 取锅烧热，加入胡麻油和老姜片炒干，再放入蘑菇和其余调料略拌炒后，焖煮至入味即可。

左宗棠鸡

材料
A：杏鲍菇100克，红辣椒50克，姜末20克
B：中筋面粉2大匙，水40毫升

调料
酱油1大匙，糖1小匙，香油1小匙，白醋1大匙，辣油1小匙，水3大匙，水淀粉2大匙

做法
1. 材料B混合成面糊；杏鲍菇洗净切滚刀块，沾上混合拌匀的面糊，放入油温为140℃的油锅中炸至外观呈金黄色，捞起沥油备用。
2. 红辣椒洗净去籽，对剖切开，放入油锅中炸干，捞起沥油备用。
3. 另取锅，加入少许色拉油烧热，放入姜末爆香，加杏鲍菇、红辣椒和混合拌匀的调料，拌炒均匀即可。

辣子素鸡丁

材料
猴头菇150克，小黄瓜块80克，姜片20克，辣椒片30克

面糊材料
中筋面粉40克，水30毫升

调料
辣椒酱1大匙，酱油1小匙，糖1大匙，水淀粉1大匙，香油1小匙，辣油1小匙，水45毫升

做法
1. 猴头菇洗净撕成块状，蘸上混合拌匀的面糊材料，放入油温为140℃的油锅中炸至外观呈金黄色，捞起沥油备用。
2. 取锅烧热，加入少许色拉油，放入其余材料和所有调料炒香后，再加入猴头菇拌炒均匀即可。

宫保素鱿鱼

材料
魔芋120克，姜片20克，青椒片50克，花椒3克，干辣椒30克

调料
酱油1大匙，糖1小匙，白醋1小匙，水淀粉1大匙，白胡椒粉1/2小匙，水2大匙，香油1大匙,辣油1小匙

做法
1. 魔芋洗净切十字花刀后，再切成小片状，放入沸水中略余烫，捞起沥干备用。
2. 取锅烧热，加入少许色拉油，先放入姜片、青椒片和调料爆香，再加入魔芋片和干辣椒、花椒拌炒均匀即可。

三杯豆肠

材料
豆肠500克，罗勒30克，辣椒15克，姜15克

调料
米酒2大匙，素蚝油1大匙，酱油1大匙，糖1小匙，麻油2大匙，水2大匙

做法
1. 辣椒、姜洗净切片；豆肠切段；罗勒取嫩叶洗净沥干水分，备用。
2. 热油锅至油温约160℃，放入豆肠段油炸至外表酥脆上色，捞出沥油，备用。
3. 另热一锅，倒入麻油、爆香姜片，续放入辣椒片、豆肠段、其余所有调料拌炒均匀，再放入罗勒叶拌炒均匀即可。

炒素鳝糊

材料
干香菇100克，姜丝30克，辣椒丝10克，芹菜段40克，香菜20克

调料
酱油2大匙，白醋1大匙，糖1大匙，水150毫升，白胡椒粉1小匙，水淀粉1大匙，香油1小匙

做法
1. 干香菇泡入水中至软洗净，先剪成长条丝状，再分剪成长段状，蘸淀粉(材料外)后，一条条放入油温为140℃的油锅中炸至干香，捞起沥油备用。
2. 取锅烧热，加入少许色拉油，放入姜丝、辣椒丝和芹菜段炒香后，放入炸香菇、混合拌匀的调料(香油先不加入)焖煮至入味，盛盘放入香菜，淋上香油即可。

素小炒

📋 **材料**

素肉丝10克, 芹菜70克, 魔芋100克, 豆干200克, 姜末15克, 辣椒10克, 橄榄油1大匙

🥄 **调料**

酱油1小匙, 酱油膏1小匙, 盐少许, 糖1/4小匙, 白胡椒粉少许

📖 **做法**

❶ 素肉丝泡软, 放入沸水中汆烫后捞起; 魔芋切丝, 放入沸水中汆烫后捞起备用。

❷ 芹菜洗净去叶、切段; 辣椒洗净切丝; 豆干洗净切丝, 稍微过油后, 备用。

❸ 热锅, 倒入橄榄油, 放入姜末爆香, 放入辣椒丝、素肉丝、魔芋丝拌炒均匀, 再放入过油的豆干丝、所有调料拌炒均匀。

❹ 最后加入芹菜段, 炒至所有食材入味即可。

素虾松

📋 **材料**

生菜叶适量, 熟松子仁适量, 香菇梗适量, 荸荠丁5个, 色拉笋丁100克, 胡萝卜丁60克, 西芹丁100克, 姜末10克, 橄榄油适量

🥄 **调料**

盐1/4小匙, 香菇粉1/4小匙, 白胡椒粉少许, 糖少许

📖 **做法**

❶ 生菜叶洗净, 修剪成圆形后泡冰开水; 香菇梗洗净泡软切细丁, 备用。

❷ 热锅, 倒入橄榄油, 放入姜末爆香, 再加入香菇梗丁炒香盛盘。原锅放入色拉笋丁、胡萝卜丁、西芹丁、荸荠丁拌炒均匀。

❸ 继续加入调料炒至入味, 再将水分炒干, 放入香菇梗丁、熟松子仁拌匀。

❹ 生菜叶沥干, 于生菜叶中放入炒好的材料即可。

姜丝麻油炒素肠

🍽 材料
面肠300克，姜丝15克，辣椒丝10克，罗勒20克

🫙 调料
酱油1大匙，盐少许，糖1/2小匙，胡麻油3大匙

🍳 做法
❶ 面肠洗净切片；罗勒择叶洗净，备用。

❷ 热锅后加入胡麻油，放入面肠煎至微焦，加入姜丝和辣椒丝爆香。

❸ 放入其余所有调料炒匀，最后放入罗勒叶炒香即可。

咸酥地瓜

🍽 材料
黄地瓜250克，红地瓜250克，玉米粉适量，姜10克，辣椒10克，罗勒10克

🫙 调料
盐1/4小匙，白胡椒粉少许

🍳 做法
❶ 黄地瓜、红地瓜洗净、去皮切长块，放入油锅中，炸熟至表面金黄酥脆后，捞起沥油，加入玉米粉裹匀；姜、辣椒、罗勒皆洗净切末。

❷ 热锅，加入少许橄榄油(材料外)，先放入姜末、辣椒末爆香，再放入黄地瓜、红地瓜块拌炒，最后加入所有调料和罗勒末慢慢拌炒均匀即可。

酸菜炒面肠

🍽 材料
面肠250克，酸菜120克，橄榄油2大匙，姜丝15克，辣椒丝10克

🫙 调料
酱油少许，盐1/4小匙，糖1/4小匙，陈醋少许，米酒1/2大匙

🍳 做法
❶ 面肠洗净切段，放入锅中过油，捞起沥油备用；酸菜洗净切丝，泡水约1分钟后捞起沥干，备用。

❷ 热锅，加入橄榄油，放入姜丝、辣椒丝爆香，再放入酸菜丝炒香，接着放入面肠段拌炒均匀，最后加入所有调料炒至入味即可。

五彩腰花

材料
素腰花300克，红甜椒70克，黄甜椒60克，青椒60克，黑木耳50克，姜片10克

调料
盐1/4小匙，香菇粉1/4小匙，米酒1/2大匙

做法
1. 素腰花洗净切块，放入沸水中汆烫一下，捞起备用。
2. 红甜椒、黄甜椒和青椒洗净，去籽切片；黑木耳洗净切小片，备用。
3. 锅烧热，加入2大匙色拉油，放入姜片爆香。
4. 再放入彩椒片和黑木耳片拌炒，最后放入素腰花块和所有调料拌炒入味即可。

备注: 此料理加了米酒, 若不食酒类者, 可斟酌使用。

香煎素鹅

材料
腐皮2张，香菇3朵，豆芽菜250克，香菜段20克，橄榄油2大匙，面糊适量

调料
盐1/4小匙，糖少许，香菇粉少许，白胡椒粉少许

做法
1. 香菇洗净泡软，切丝；豆芽菜洗净去根部，汆烫后捞起，备用。
2. 热锅，加入2大匙橄榄油，放入香菇丝炒香，再放入豆芽菜一起拌炒均匀，加入所有调料，炒至所有材料入味后盛出沥干。
3. 取一张腐皮铺平，放入适量材料和香菜段，将腐皮卷起，尾端抹上少许面糊后卷紧，即为腐皮卷。
4. 热锅，均匀地抹上少许橄榄油(分量外)，放入腐皮卷，再将腐皮卷煎至两面上色即可。

糖醋素排

🥬 材料

A:

青椒片	60克
红甜椒片	60克
菠萝片	80克
山药	100克
苹果片	30克
油条	1根

B:

低筋面粉	50克
玉米粉	40克
鸡蛋液	130克

🧂 调料

A:

番茄酱	2大匙
糖	2大匙
白醋	2大匙
盐	少许
水	250毫升

B:

水淀粉	适量

C:

水	60毫升

📋 做法

❶ 山药去皮洗净切长条；材料B和调料C调匀成面糊。

❷ 油条纵分成两条，用剪刀先剪成数段，再从中间修剪出一个完整的小洞，塞入山药条，再沾上面糊，备用。

❸ 热油锅至油温约160℃，放入油条炸至金黄酥脆，捞出沥油；青椒片、红甜椒片放入油锅中略炸捞出沥油，备用。

❹ 倒出锅中的炸油，加入所有调料A煮滚，倒入水淀粉勾芡，再放入所有食材炒匀。

枸杞炒黄花菜

材料
枸杞子10克，黄花菜200克，姜10克，葵花籽油1大匙

调料
盐1/4小匙，高鲜味精少许

做法
1. 姜洗净切丝；枸杞子洗净泡软，备用。
2. 黄花菜去蒂头洗净，放入沸水中快速汆烫后捞出，浸泡在冰水中，备用。
3. 热锅倒入葵花籽油，爆香姜丝，放入枸杞子、黄花菜以及所有调料拌炒至入味即可。

彩椒炒百合

材料
新鲜百合100克，青椒150克，黄甜椒150克，红甜椒150克，姜10克，葵花籽油2大匙

调料
盐1/4小匙，糖少许，高鲜味精少许，热水100毫升

做法
1. 青椒、黄甜椒、红甜椒去籽洗净，切片；姜洗净切片；新鲜百合洗净沥干，备用。
2. 热锅倒入葵花籽油，爆香姜片，至姜片呈微焦状后取出。
3. 原锅中放入青椒片、黄甜椒片、红甜椒片略炒后，放入百合以及所有调料，快炒均匀至入味即可。

糖醋山药

材料
山药块300克，青椒块60克，红甜椒块60克，菠萝片60克，姜末10克，地瓜粉适量

调料
番茄酱2大匙，盐1/4小匙，糖1大匙，白醋1大匙，水3大匙，水淀粉适量

做法
1. 山药块蘸上地瓜粉后，放入油锅中炸至表面呈金黄色，捞起沥油；再放入青椒块、红甜椒块稍过油后，捞起备用。
2. 热锅，倒入少许橄榄油(材料外)，放入姜末爆香，加入除水淀粉外的所有调料煮滚并煮匀，以水淀粉勾芡后加入所有材料拌匀即可。

白果炒芦笋

材料
白果60克, 芦笋300克, 蟹味菇50克, 姜丝10克,
辣椒丝10克

调料
盐1/4小匙, 糖少许, 香菇粉少许, 白胡椒粉少许,
热水3大匙

做法
1. 白果放入沸水中氽烫一下, 捞出备用。
2. 芦笋洗净切段; 蟹味菇洗净, 备用。
3. 锅烧热, 倒入适量色拉油, 加入姜丝、辣椒丝爆香。
4. 再放入芦笋段、蟹味菇拌炒一下。
5. 最后放入白果和所有调料拌炒入味即可。

豆豉茄子

材料
茄子2条(约350克), 罗勒20克, 辣椒10克,
姜10克, 葵花籽油1大匙

调料
豆豉20克, 糖1/2小匙, 高鲜味精少许, 盐少许,
水150毫升

做法
1. 罗勒取嫩叶洗净; 辣椒、姜洗净切片, 备用。
2. 茄子洗净去头尾、切段; 热油锅至油温约160℃, 放入茄子段炸至微软后捞出, 沥油备用。
3. 热锅倒入葵花籽油, 爆香姜片, 放入豆豉炒香, 再放入辣椒片和茄子段拌炒。
4. 于锅中放入其余调料拌炒均匀, 再放入罗勒叶炒至入味即可。

雪菜炒豆干丁

材料
雪菜220克, 豆干160克, 红辣椒10克, 姜10克, 葵花籽油2大匙

调料
盐1/4小匙, 糖少许, 香菇粉少许

做法
1. 雪菜洗净切末；豆干洗净切丁，备用。
2. 红辣椒洗净切片；姜洗净切末，备用。
3. 热锅倒入葵花籽油，爆香姜末，放入红辣椒片、豆干丁拌炒至微干。
4. 再放入雪菜和所有调料炒入味即可。

炒素鸡米

材料
面肠150克, 胡萝卜150克, 玉米粒150克, 鲜香菇3朵, 青豆仁150克, 姜5克, 葵花籽油2大匙

调料
盐1/2小匙, 糖少许, 香菇粉少许, 胡椒粉少许

做法
1. 面肠、胡萝卜、鲜香菇洗净切丁；姜洗净切末。
2. 取胡萝卜丁、玉米粒、青豆仁放入沸水中快速汆烫，捞出沥干水分，备用。
3. 热锅倒入葵花籽油，爆香姜末，放入鲜香菇丁、面肠丁炒香。
4. 于锅中放入胡萝卜丁、玉米粒、青豆仁拌匀，再加入所有调料炒至入味即可。

西芹炒藕丝

材料
莲藕120克，西芹段80克，胡萝卜丝30克，黄甜椒丝20克

调料
酱油3大匙，盐1茶匙，糖1茶匙，水150毫升，香油1大匙

做法
1. 莲藕切丝，放入沸水中略汆烫。
2. 取锅，加入少许色拉油，加入莲藕丝和调料炒香后，再放入其余材料略拌炒即可。

毛豆箭笋

材料
箭笋150克，毛豆60克，姜片30克

调料
辣豆瓣酱1大匙，酱油1小匙，糖1小匙，水400毫升，水淀粉1小匙，香油1小匙

做法
1. 箭笋洗净，用菜刀略拍打过，和毛豆一起放入沸水中汆烫备用。
2. 热油锅，放入姜片和调料炒香后，放入箭笋和毛豆焖煮至汤汁略收即可。

红糟茭白笋

材料
茭白笋250克，豆皮30克，姜10克，红糟酱20克，橄榄油2大匙

调料
糖1/2小匙，米酒1小匙，水100毫升

做法
1. 茭白笋洗净切成条状；豆皮放入沸水中汆烫后，捞起切丝；姜切末，备用。
2. 热锅，加入橄榄油，放入姜末爆香，加入茭白笋条翻炒约1分钟，再加入豆皮丝、红糟酱炒匀。
3. 最后加入所有调料，拌炒至入味且汤汁微干即可。

香菇炒水莲

材料

水莲250克，鲜香菇3朵，辣椒10克，姜10克，
葵花籽油2大匙

调料

盐1/4小匙，高鲜味精少许

做法

1. 水莲洗净切段；鲜香菇洗净切丝；辣椒洗净
   切细段；姜洗净切末，备用。
2. 热锅倒入葵花籽油，爆香姜末，放入辣椒
   段、鲜香菇丝炒香。
3. 锅中放入水莲段拌炒均匀，加入所有调料快
   炒至入味即可。

龙须苍蝇头

材料

龙须菜300克，素绞肉20克，辣椒末10克，
姜末10克，黑豆豉20克，葵花籽油3大匙

调料

盐1/4小匙，高鲜味精少许，白胡椒粉少许，糖少许，
香油少许

做法

1. 龙须菜取嫩叶，剔除梗部粗纤维后洗净，放入
   沸水中快速汆烫，捞出沥干水分，切细备用。
2. 热锅倒入葵花籽油，爆香姜末，再放入辣椒
   末、黑豆豉炒出香味。
3. 锅中放入素绞肉拌炒均匀，再加入所有调
   料、龙须菜拌炒均匀至入味即可。

咖喱百页

材料

百页豆腐块200克，胡萝卜块100克，土豆块200克，姜末5克，
葵花籽油适量

调料

咖喱粉1大匙，盐1/2小匙，糖1/4小匙，高鲜味精少许，
水600毫升，椰汁1大匙，水淀粉适量

做法

1. 热油锅至油温约160℃，放入百页豆腐块油炸约1分钟，
   捞出沥油备用。
2. 热锅倒入少许葵花籽油，爆香姜末，放入咖喱粉炒香，
   再放入土豆块、胡萝卜块煮约15分钟，再放入百页豆腐
   块和盐、糖、高鲜味精、水煮至入味。
3. 倒入椰汁拌匀，再倒入水淀粉勾芡即可。

鲜菇炒三丝

🍲 **材料**
素肉丝20克，什锦菇300克，玉米笋40克，胡萝卜30克，豌豆荚30克，葵花籽油适量，姜丝10克

🧂 **调料**
盐1/4小匙，糖少许，香菇粉少许，胡椒粉少许，香油少许，水60毫升

🍳 **做法**
1. 素肉丝放入热水中浸泡至软，捞出沥干水分备用。
2. 什锦菇洗净；玉米笋、胡萝卜洗净切片，豌豆夹洗净去头尾，一起放入沸水中快速氽烫，捞出沥干水分，备用。
3. 热锅倒入少许葵花籽油，爆香姜丝，再加入素肉丝炒均匀。
4. 于锅中加入玉米笋片、胡萝卜片、什锦菇略拌炒，再放入豌豆荚以及所有调料拌炒至入味即可。

蚝油豆腐

🍲 **材料**
老豆腐300克，小胡萝卜30克，甜豆30克，玉米笋30克，黑木耳条30克，姜片10克，葵花籽油1大匙

🧂 **调料**
素蚝油2大匙，糖1/4小匙，盐少许，香菇粉少许，水150毫升，水淀粉适量

🍳 **做法**
1. 老豆腐切片；小胡萝卜、玉米笋洗净氽烫约1分钟，再放入甜豆烫一下，捞出沥干。
2. 热油锅至油温约160℃，放入老豆腐片炸约1分钟，捞出沥油备用。
3. 热锅倒入葵花籽油，爆香姜片，放入老豆腐片、素蚝油、水煮至滚沸，再放入小胡萝卜、玉米笋、甜豆、黑木耳条和除水淀粉外的其余调料拌匀，倒入水淀粉勾芡即可。

金针菇烩芥菜

材料
芥菜500克，金针菇40克，素蟹肉丝15克，姜末5克，鲜香菇1朵

调料
素蚝油少许，盐1/4小匙，糖1/4小匙，米酒1小匙，香菇粉1/4小匙，香油少许，水300毫升，水淀粉适量

做法
1. 芥菜洗净切块放入沸水中，加入1/2小匙盐（分量外），汆烫至熟后捞出摆盘，备用。
2. 金针菇去须根洗净切段；鲜香菇洗净切丝备用。
3. 锅烧热，加入2大匙色拉油，放入姜末爆香，再放入鲜香菇丝、金针菇段拌炒1分钟，加水煮滚。
4. 再放入所有调料(除香油、水淀粉外)、素蟹肉丝，最后以水淀粉勾芡，淋入香油，拌入烫熟的芥菜块即可。

烩素什锦

材料
素虾仁100克，胡萝卜片30克，玉米笋50克，蟹味菇40克，秀珍菇40克，甜豆荚60克，银耳5克，黑木耳片30克，姜片10克

调料
A：盐1/2小匙，糖1/4小匙，香菇粉少许，素蚝油1小匙
B：陈醋少许，香油少许，水淀粉少许，水450毫升

做法
1. 所有材料备好，洗净；银耳泡软，洗净去蒂，撕小朵备用。
2. 将胡萝卜片、黑木耳片、银耳片、甜豆荚、玉米笋放入沸水中汆烫，捞起备用。
3. 热一油锅，爆香姜片，放入蟹味菇、秀珍菇拌炒，再加入水和剩余所有材料煮至滚。
4. 再放入调料A煮匀，以水淀粉勾芡，最后放入陈醋和香油即可。

素蟹肉丝白菜

🍲 材料
素蟹肉丝30克, 大白菜500克, 鲜香菇(中型)2朵,
姜5克, 芹菜末5克, 葵花籽油2大匙

🥣 调料
盐1/4小匙, 糖1/4小匙, 高鲜味精少许, 陈醋少许,
水淀粉适量, 热水120毫升

🍳 做法
1. 大白菜洗净切片；鲜香菇洗净切丝；姜切末，备用。
2. 热锅倒入葵花籽油，爆香姜末、芹菜末，再放入鲜香菇丝炒香。
3. 锅中放入大白菜片拌炒约2分钟，再加入素蟹肉丝和盐、糖、味精、陈醋拌炒均匀。
4. 于锅中倒入热水煮开，起锅前用水淀粉勾薄芡即可。

蟹黄白菜

🍲 材料
大白菜600克，胡萝卜泥50克，黑木耳20克，
魔芋块50克, 玉米粉适量, 姜片10克

🥣 调料
盐1/4小匙, 香菇粉1/4小匙, 糖少许,水淀粉少许,
白胡椒粉少许，水150毫升

🍳 做法
1. 胡萝卜泥加入少许盐(分量外)以及玉米粉拌匀，倒入热油锅炒熟后取出，即为素蟹黄。
2. 将大白菜洗净切片，和魔芋一起放入沸水中汆烫一下，捞出备用。
3. 热油锅，加入姜片爆香，放入大白菜块、黑木耳块和魔芋拌炒，加入水煮5分钟，再加入除水淀粉外的其余调料拌匀，以水淀粉勾芡，最后放入素蟹黄煮匀即可。

蟹黄豆腐

🗊 **材料**
豆腐300克,胡萝卜50克,姜末20克,蘑菇片30克

🫙 **调料**
A: 盐1大匙, 糖1小匙, 水400毫升, 胡椒粉1/2小匙
B: 水淀粉1大匙, 香油1大匙

🍲 **做法**
❶ 豆腐切小丁状, 放入沸水中略氽烫以去除生豆味, 捞起沥干。
❷ 胡萝卜洗净去皮, 用铁汤匙刮出泥状备用。
❸ 取锅, 加入少许油烧热, 放入姜末和蘑菇片炒香后, 加入胡萝卜泥和调料A拌炒均匀, 再加入豆腐丁和调料B略拌炒盛盘, 再撒上少许芹菜末(分量外)即可。

白果烩三丁

🗊 **材料**
A: 白果60克, 胡萝卜30克, 小黄瓜40克, 山药40克, 姜10克, 上海青4棵, 水500毫升
B: 当归2片, 枸杞子10克

🫙 **调料**
盐1/2小匙, 糖1/2小匙, 水淀粉1大匙, 香油1大匙

🍲 **做法**
❶ 小黄瓜、胡萝卜洗净后切成丁; 山药去皮洗净切丁; 姜去皮洗净切末, 备用。
❷ 锅中加水煮滚后, 分别放入白果、上海青和小黄瓜丁、胡萝卜丁、山药丁氽烫片刻, 捞起备用。
❸ 油锅烧热, 放入姜末炒香, 再加入白果、小黄瓜丁、胡萝卜丁、山药丁以及所有调料一起拌炒。
❹ 起锅前放入材料B煮一下, 摆盘时先将上海青铺底, 再盛入炒香的食材即可。

素肉臊

🥄 材料
干香菇300克，姜末40克，竹笋末50克，
豆干末80克

🍶 调料
酱油3大匙，冰糖1小匙，五香粉1/2小匙，
肉桂粉1/2小匙，水700毫升

📋 做法
1. 干香菇泡发洗净后，剪下取蒂头，剁成碎末状备用。
2. 取锅烧热，加入少许色拉油，放入香菇蒂头碎炒干，再加入其余材料炒香，最后加入所有调料焖煮约35分钟即可。

什锦卤味

🥄 材料
杏鲍菇300克，鲜香菇200克，茭白笋80克，
豆干60克，八角4粒，姜片50克

🍶 调料
盐3大匙，酱油200毫升，冰糖80克，水1500毫升，
卤包1个

📋 做法
1. 取锅，加入所有调料、八角和姜片以小火焖煮约30分钟，备用。
2. 将蔬菜材料洗净沥干，放入锅中卤约5分钟后关火，再泡10分钟即可。

素瓜仔肉

🥄 材料
花瓜(小)1罐，素肉馅150克，姜末10克，橄榄油2大匙

🍶 调料
酱油1大匙，盐少许，米酒1/2大匙，白胡椒粉少许，水450毫升

📋 做法
1. 素肉馅洗净泡软，放入沸水中略为汆烫，捞出沥干水分；花瓜切碎，花瓜酱汁保留，备用。
2. 热锅，加入2大匙橄榄油，爆香姜末，再放入素肉馅炒至香味散出。
3. 续加入所有调料拌匀，接着放入花瓜碎，将保留的花瓜酱汁倒入煮滚，以中火续煮约15分钟，再焖5分钟即可。

红烧烤麸

材料
烤麸200克，鲜香菇(中型)2朵，香菜梗10克，姜10克，葵花籽油2大匙

调料
酱油3大匙，酱油膏1大匙，冰糖1小匙，香油少许，水150毫升

做法

❶ 烤麸洗净切小块；鲜香菇洗净切条；香菜梗洗净切段；姜洗净切片，备用。

❷ 热油锅至油温约160℃，放入烤麸块油炸至外表微黄上色，捞出沥油，备用。

❸ 热锅倒入葵花籽油，爆香姜片，接着放入鲜香菇条炒香，再加入烤麸块和酱油、酱油膏、冰糖和水烧煮至入味。

❹ 于锅中加入香油拌匀，起锅前放入香菜梗段拌炒均匀即可。

红烧素鸭

材料
素鸭肉200克，干香菇3朵，竹笋80克，姜10克，上海青适量，水1000毫升，葵花籽油3大匙

调料
酱油160毫升，冰糖1小匙，香菇粉少许，香油少许

做法

❶ 干香菇泡软洗净切片；竹笋、上海青、姜洗净切片；素鸭肉放入热水中浸泡至软后，沥干水分，备用。

❷ 热锅倒入葵花籽油，爆香姜片，放入香菇片炒出香味。

❸ 加入素鸭肉和所有调料拌炒均匀，再加入竹笋片、水煮至滚沸，接着转小火炖煮约15分钟。

❹ 素鸭肉即将起锅前，取另一锅，放入上海青片快速汆烫，放入炖煮素鸭肉的锅中即可。

海带卤油豆腐

🍲 材料
海带结200克，油豆腐250克，姜片15克，
辣椒段15克，胡椒粒少许

🍶 调料
酱油2大匙，酱油膏1/2大匙，盐少许，糖1/4小匙，
米酒1小匙，水350毫升

🍳 做法
1. 海带结、油豆腐洗净，放入沸水中略汆烫
   后捞起备用。
2. 热油锅，加入姜片、辣椒段爆香，再放入
   胡椒粒炒香。
3. 续于加入所有调料、海带结和油豆腐煮至
   滚沸，改转小火卤约15分钟即可。

白果烧素鳗

🍲 材料
白果80克，素鳗段4条，胡萝卜片20克，
碧玉笋段40克，姜片10克，葵花籽油1大匙

🍶 调料
素蚝油1茶匙，糖1/4小匙，香菇粉1/4小匙，
盐少许，陈醋少许，水100毫升，香油少许，
水淀粉适量

🍳 做法
1. 热油锅至油温约160℃，放入素鳗段炸至
   酥脆上色，捞出沥油；胡萝卜片和白果汆
   烫，捞出沥干，备用。
2. 热锅倒入葵花籽油，爆香姜片，加入碧玉
   笋段快速拌炒，再放入白果、胡萝卜片、
   所有调料(香油、水淀粉除外)煮至滚沸，放
   入素鳗段拌匀，烧煮至入味后倒入水淀粉
   勾芡，再淋上香油即可。

红烧素丸子

📋 材料
老豆腐2块,荸荠碎10克,辣椒段15克,姜片15克,鲜香菇梗碎20克,上海青适量

🧂 调料
A: 酱油膏1/2大匙,糖少许,白胡椒粉少许,香油1/4小匙
B: 素蚝油1/2大匙,酱油1/2大匙,盐1/4小匙,糖少许
C: 淀粉2大匙,水淀粉少许,水400毫升

🍳 做法
❶ 老豆腐上抹上少许盐,再放入电饭锅中加水蒸至开关跳起,待豆腐凉后挤成泥。

❷ 将豆腐泥、荸荠碎、鲜香菇梗碎、淀粉和所有调料A拌匀,捏整成丸子状,再放入油锅中炸至表面呈金黄色后捞出。

❸ 热锅,加入少许橄榄油(材料外),爆香辣椒段和姜片,再加入调料B和水煮滚,放入素丸子烧煮入味,再放入上海青略煮,最后以水淀粉勾芡即可。

乳汁焖笋

📋 材料
竹笋300克

🧂 调料
A: 糖1大匙,水400毫升
B: 水淀粉1小匙,香油1小匙

🍳 做法
❶ 竹笋洗净切长块后,再切十字花刀,放入沸水中略汆烫后,捞起沥干。

❷ 取锅,加入少许色拉油,加入竹笋块和调料A焖煮至汤汁略收,加入水淀粉勾薄芡,淋入香油即可。

药膳炖素鳗

材料
豆皮6块，腐皮3张，海苔4张，姜片10克，当归10克，川芎10克，党参15克，红枣10颗，黄芪15克，枸杞子10克，面糊少许

调料
盐1/2小匙，米酒1大匙，水600毫升

做法

① 先将豆包抹上少盐和白胡椒粉(调料外)，取一张海苔片垫底，将1.5张抹匀的豆包放在海苔上卷起，于尾端涂上少许面糊后卷紧。重复上述步骤至腐皮和海苔用毕。

② 将海苔卷放至腐皮上后卷起，于尾端涂上少许面糊后卷紧，再放入蒸锅中蒸约5分钟，取出放凉后切段，放入油锅中炸约1分钟，至表面呈金黄色后捞起沥油，即为素鳗鱼。

③ 所有中药材洗净放入锅中，倒入水、加入姜片煮约10分钟，再加入素鳗鱼、其余所有调料，将材料炖煮入味即可。

素烧豆皮

材料
豆皮3片，香菇3朵，胡萝卜25克，芹菜30克

调料
素蚝油2大匙，酱油1小匙，香油1小匙，冰糖少许，水200毫升

做法

① 豆皮切大片；香菇泡水至软、洗净切丝；胡萝卜洗净去皮切丝，芹菜去叶片洗净切段，备用。

② 热锅，倒入1大匙色拉油，放入香菇丝爆香，再放入胡萝卜丝炒匀。

③ 加入豆皮片及所有调料煮约1分钟，再放入芹菜段炒匀即可。

红烧当归杏鲍菇

材料
A：杏鲍菇300克，胡萝卜50克，姜20克
B：当归2片，枸杞子10克，山药15克，桂枝5克，红枣5颗

调料
素蚝油1大匙，糖1小匙，水100毫升

做法
1. 杏鲍菇洗净，切成滚刀块状；胡萝卜、姜洗净切片，备用。
2. 杏鲍菇放入锅中干煸至出水，盛出备用。
3. 将材料B(除了枸杞子)和胡萝卜片、姜片一起放入锅中，加入所有调料煮20分钟。
4. 起锅前加入杏鲍菇块和枸杞子即可。

山药素羊肉

材料
素羊肉200克，山药400克，姜片15克，枸杞子10克

调料
盐少许，米酒100毫升，水1200毫升

做法
1. 山药去皮洗净切块备用。
2. 锅烧热，加入2大匙麻油(材料外)，放入姜片爆香。
3. 再放入山药块，加入米酒和水煮滚，以小火煮10分钟。
4. 最后放入枸杞子、素羊肉和盐炖煮入味即可。

备注：此料理加了米酒，若不食酒类者，可斟酌使用。

香菇镶豆腐

材料

鲜香菇	10朵
老豆腐	1块
荸荠肉	7个
姜末	10克
胡萝卜碎	30克
火腿碎	30克
小豆苗	150克

调料

A:
盐	1/4小匙
香菇粉	1/4小匙
糖	少许
白胡椒粉	少许
香油	1小匙
淀粉	适量

B:
盐	少许
素蚝油	少许
水淀粉	少许
香油	少许

做法

1. 鲜香菇洗净去梗备用。

2. 老豆腐压碎，荸荠肉拍扁剁碎去水，一起放入容器中，再放入胡萝卜碎、火腿碎、姜末和调料A，搅拌均匀成内馅。

3. 将鲜香菇抹上少许淀粉，再取适量内馅填入，重复此做法直到材料用尽，再放入蒸笼蒸10～15分钟。

4. 将蒸好的镶豆腐排入铺好氽烫小豆苗的盘中。

5. 取锅，加入水煮滚，加入盐和素蚝油煮匀，以水淀粉勾芡，淋入香油，最后淋在盘上即可。

五味素牡蛎

材料
草菇200克，姜末适量，辣椒末适量，
芹菜末适量，香菜末适量，罗勒末适量，
地瓜粉适量，小黄瓜丝50克

调料
酱油1大匙，酱油膏1大匙，糖1/2小匙，
番茄酱1小匙，米醋1小匙，香油1小匙

做法
1. 草菇去蒂头洗净，放入沸水中稍微氽烫后立即捞起沥干，放凉后加入少许米酒、淀粉(材料外)拌匀，备用。
2. 将草菇均匀地蘸裹上地瓜粉，再放入沸水中,煮熟后捞出沥干盛盘，即为素牡蛎备用。
3. 先将所有调料混合拌匀，再放入姜末、辣椒末、芹菜末、香菜末和罗勒末拌匀，即为五味酱。
4. 五味酱淋至素牡蛎上,放入小黄瓜丝即可。

荸荠油豆腐

材料
油豆腐10个，荸荠6个，蘑菇70克，姜末10克，
胡萝卜末30克，熟土豆60克，橄榄油1大匙

调料
盐1/4小匙，香菇粉少许，白胡椒粉少许

做法
1. 先将油豆腐剪去一面的皮；荸荠去皮洗净后拍扁、切末；蘑菇洗净、切末；熟土豆切碎，备用。
2. 热锅，加入1大匙橄榄油，放入姜末、蘑菇碎炒香，再加入胡萝卜末、荸荠末拌炒均匀，续加入调料、熟土豆碎拌炒均匀成馅料。
3. 将炒好的馅料填入油豆腐中，放入蒸锅中蒸约15分钟，再焖约2分钟，摆上洗净的香菜叶(材料外)即可。

花生面筋

材料
熟花生仁150克，面筋100克，干香菇2朵，
葵花籽油2大匙

调料
酱油80毫升，糖1/2小匙，高鲜味精少许，
水500毫升

做法
1. 干香菇洗净泡软、切丝备用。
2. 将面筋以热水浸泡至微软，沥干备用。
3. 热锅倒入葵花籽油，爆香香菇丝，放入熟花生仁和面筋略拌。
4. 放入所有调料，煮滚后转小火，续煮至入味即可。

素蚝油面筋

材料
面筋100克，姜末10克，熟笋丁50克，
青豆仁25克，香油2大匙

调料
素蚝油2大匙，盐少许，糖少许，白胡椒粉少许，
水300毫升

做法
1. 面筋放入沸水中稍微氽烫后捞出，备用。
2. 热锅，加入2大匙香油，先放入姜末爆香，再放入熟笋丁、面筋拌炒均匀。
3. 然后加入所有调料，煮约10分钟后放入青豆仁拌匀，再稍微煮一下，最后淋上香油即可。

蒸素什锦

材料

泡发黑木耳40克，黄花菜15克，豆皮60克，
泡发香菇5朵，胡萝卜50克，竹笋50克

调料

素蚝油2大匙，糖1小匙，淀粉1小匙，水1大匙，
香油1大匙

做法

1. 黄花菜用开水泡约3分钟至软后，洗净沥
干；豆皮、胡萝卜、黑木耳、竹笋、香菇切小
块，备用。

2. 将所有材料及所有调料拌匀，放入盘中。

3. 将盘子放入电饭锅中，按下开关，蒸至开
关跳起即可。

芋泥蒸大黄瓜

材料

黄瓜400克，芋头250克，干香菇3朵，芹菜适量，
胡萝卜30克，色拉笋30克

调料

酱油少许，盐1/2小匙，糖少许，白胡椒粉1/4小匙，
香菇粉少许，香油少许

做法

1. 芋头去皮洗净、切片，蒸熟压成泥；黄瓜
洗净去皮，切圆圈段去籽；干香菇洗净泡
软、切末，备用。

2. 胡萝卜去皮洗净后切末；色拉笋洗净切末；
芹菜去除根部和叶子，洗净切末，备用。

3. 将香菇末、胡萝卜末、色拉笋末和芹菜末
放入芋泥中，加入调料后搅拌均匀，填入
黄瓜中。

4. 将填好馅的黄瓜放在蒸盘上，放入蒸锅蒸
约25分钟，再焖约2分钟后取出即可。

圆白菜素菜卷

材料
圆白菜150克，发菜5克，胡萝卜丝20克，豆芽菜30克，小黄瓜丝30克，豆干丝30克

腌料
盐1小匙，胡椒粉1/2小匙，香油1大匙

做法
1. 圆白菜氽烫后泡冷水(材料外)；发菜、胡萝卜丝、豆芽菜、小黄瓜丝及豆干丝加入腌料拌匀作馅料，备用。
2. 将圆白菜裁切成适当片状，包入馅料，卷成圆筒状，放入内锅，再放入电饭锅，盖上锅盖，按下开关，蒸约6分钟即可。

乡村煮素什锦

材料
莲藕60克，新鲜香菇4朵，胡萝卜40克，绿竹笋40克

调料
味噌2大匙，糖1茶匙，酱油1大匙，水500毫升

做法
1. 莲藕、胡萝卜洗净去皮，切滚刀块；绿竹笋洗净切成滚刀块；新鲜香菇洗净切大块，备用。
2. 将所有材料放入沸水中略为氽烫，再捞起沥干，备用。
3. 所有的调料放入锅中，煮至滚沸后，再放入氽烫过的材料，煮至再次滚沸即可。

素鱼翅羹

📋 **材料**

素鱼翅50克, 胡萝卜50克, 金针菇1/2把, 芹菜1根

🧂 **调料**

素蚝油1大匙, 香油1小匙, 糖1小匙, 盐少许,
白胡椒粉少许, 水500毫升

🍲 **做法**

① 先将素鱼翅放入冷水中, 泡约20分钟; 胡
萝卜洗净去皮切丝; 金针菇去须根洗净切
段; 芹菜洗净切成碎, 备用。

② 取汤锅, 先加入所有的调料(香油除外)大火
煮开, 再加入胡萝卜丝、金针菇段, 续煮
约5分钟。

③ 起锅前加入泡软的素鱼翅、撒上芹菜碎即可。

什锦发菜羹

📋 **材料**

素肉丝10克, 发菜10克, 花菇丝20克,
胡萝卜丝30克, 黑木耳丝30克, 笋丝70克,
凉薯丝60克, 山药丝40克, 金针菇段50克,
秀珍菇丝40克, 素火腿丝15克, 香菜少许

🧂 **调料**

酱油1小匙, 盐1/2小匙, 糖1/2小匙, 米醋少许,
香菇粉1/4小匙, 香油少许, 白胡椒粉少许,
水650毫升, 水淀粉适量

🍲 **做法**

① 素肉丝、发菜泡软, 备用。

② 热锅, 加2大匙色拉油, 放入花菇丝炒香
后, 加入酱油, 加水煮至滚, 放入素肉
丝、胡萝卜丝、黑木耳丝、笋丝、凉薯
丝、山药丝、金针菇段和秀珍菇丝煮熟。

③ 在锅中加入素火腿丝、发菜、盐、糖和香菇
粉, 再以水淀粉勾芡煮匀, 最后加入米醋、
香油和白胡椒粉, 放入香菜点缀即可。

炸牛蒡天妇罗

材料

牛蒡100克，胡萝卜20克，芹菜20克，中筋面粉7大匙

调料

淀粉1大匙，色拉油1大匙，水80毫升

做法

1. 牛蒡去皮，先以同心圆状画上数刀，再切成丝备用。

2. 胡萝卜和芹菜洗净切丝备用。

3. 将调料和中筋面粉混合拌匀，加入牛蒡丝、胡萝卜丝、芹菜丝拌匀，取出放入油温为140℃的油锅中，以中火慢炸2分钟，再开大火逼油，捞起沥油即可。

素肉羹

材料

香菇梗30克，姜末10克，大白菜丝300克，胡萝卜丝30克，黑木耳丝25克，竹笋丝30克，凉薯丝25克，芹菜末10克

调料

A: 盐1/2小匙，香菇粉少许，糖1/2小匙，米醋少许，白胡椒粉少许，香油少许

B: 水600毫升，水淀粉适量

腌料

盐、酱油、白胡椒粉、水、地瓜粉各少许

做法

1. 香菇梗洗净泡软拍松，加腌料拌匀，腌约15分钟备用。

2. 热一锅油，将香菇梗放入油锅中，炸约1分钟后捞出沥油，即为素肉羹备用。

3. 热锅，倒入2大匙橄榄油(材料外)，加入姜末爆香，放入胡萝卜丝、大白菜丝、黑木耳丝、竹笋丝、凉薯丝拌炒均匀。

4. 加入水,煮5分钟后加入调料A、素肉羹煮滚，1分钟后以水淀粉勾薄芡，撒上芹菜末即可。

脆皮丝瓜

材料
A：丝瓜600克
B：中筋面粉7大匙，色拉油1大匙，泡打粉1小匙

调料
淀粉1大匙，水85毫升

做法

1. 丝瓜洗净去皮，去籽，切长条状，蘸适量淀粉(分量外)备用。
2. 材料B和调料混合拌匀成面糊备用。
3. 取备好的丝瓜条，蘸上面糊，放入油温为140℃的油锅中，炸至外观呈金黄色即可捞起沥油。

椒盐杏鲍菇

材料
杏鲍菇300克，香菜梗5克，辣椒5克，姜5克，地瓜粉适量，胡椒盐少许

调料
高鲜味精少许，盐少许，胡椒粉少许

做法

1. 香菜梗、辣椒、姜洗净切末，备用。
2. 杏鲍菇洗净切块，放入沸水中快速汆烫，捞出沥干水分，备用。
3. 将调料拌匀，均匀蘸裹在杏鲍菇块上，再蘸上地瓜粉；热油锅至油温约160℃，放入杏鲍菇块炸至上色，捞出沥油，备用。
4. 热锅倒入少许葵花籽油(材料外)，爆香姜末，放入香菜梗末、辣椒末炒香，再放入杏鲍菇块拌炒均匀即可。食用时可依个人喜好，搭配少许胡椒盐。

蟹黄黑珍珠菇

材料
胡萝卜1根，姜末5克，黑珍珠菇100克，高汤200毫升

调料
A：盐1/4茶匙，白胡椒粉1/8茶匙
B：盐少许，水淀粉1茶匙

做法
1. 胡萝卜洗净，刮出100克碎屑备用。
2. 热一油锅，将黑珍珠菇、少许盐、50毫升高汤翻炒约30秒钟后，取出沥干装盘。
3. 另热锅，倒入5大匙色拉油，将胡萝卜屑入锅，以微火慢炒，炒约4分钟至色拉油变橘红色，胡萝卜软化成泥状。
4. 加入姜末炒香，再加入150毫升高汤和调料A，以小火煮约1分钟后，用水淀粉勾薄芡，淋至炒好的黑珍珠菇上即可。

凉拌什锦菇

材料
柳松菇段80克，金针菇段80克，秀珍菇80克，珊瑚菇80克，杏鲍菇片60克，红甜椒30克，黄甜椒30克，姜末10克

调料
盐1/4小匙，香菇精1/4小匙，糖1/2小匙，胡椒粉少许，香油1大匙，素蚝油1小匙

做法
1. 珊瑚菇洗净切小朵；红甜椒、黄甜椒洗净切长条，备用。
2. 将所有的菇入沸水中汆烫约2分钟后捞出。
3. 将所有菇类、红甜椒条、黄甜椒条、姜末与所有调料混合，搅拌均匀至入味即可。

麻辣皮蛋

📃 材料
皮蛋4个，黄甜椒片25克，碧玉笋段10克，辣椒段10克，
花椒10克，葵花籽油1大匙

📋 调料
辣椒酱1/2大匙，盐少许，糖1/4小匙，辣油1小匙，水淀粉适量

📋 做法
1. 皮蛋煮至水滚沸后捞出，去壳切块，蘸上淀粉备用。
2. 热油锅至油温约160℃，放入皮蛋块油炸1～2分钟，捞出沥油备用。
3. 热锅倒入葵花籽油，小火炒香花椒粒，捞除部分花椒，放入碧玉笋段、辣椒段爆香，再放入黄甜椒片、皮蛋块、辣椒酱、盐、糖、辣油炒匀，倒入水淀粉勾芡即可。

翠绿雪白

📃 材料
白灵菇100克，细芦笋50克，芹菜30克，姜丝5克，
辣椒(小)1个

📋 调料
生抽1大匙，糖1/2小匙

📋 做法
1. 细芦笋洗净放入沸水中汆烫约10秒钟，捞出切段；芹菜去叶片洗净切段；辣椒洗净切丝，备用。
2. 热锅，倒入适量色拉油，放入姜丝、辣椒丝爆香，再放入白灵菇、芹菜段炒匀。
3. 加入所有调料炒入味，再放入细芦笋段炒匀即可。

凉拌四喜

📃 材料
土豆100克，胡萝卜80克，熟花生仁100克，
毛豆80克

📋 调料
盐1/2小匙，香菇粉少许，香油1大匙

📋 做法
1. 土豆、胡萝卜均洗净、去皮、切丁，备用。
2. 将毛豆、土豆丁、胡萝卜丁放入沸水中烫熟，再加入熟花生仁略烫一下，捞起沥干。
3. 将所有材料与调料混合拌匀，放入冰箱冷藏冰凉后即可。